THE
STORY
OF
HOW
EVERYTHING
BEGAN

GENESIS

일러두기

◦ 이 책은 Guido Tonelli의 이탈리아판 원서 《GENESI》(2019)를 대본으로 삼아
번역했고, 영역판 《GENESIS》(2021)를 참고하여 감수했다.

◦ 독자의 이해를 돕기 위한 용어 설명은 편집자주 ◆로 각주 처리했다.

GENESI by Guido Tonelli

Copyright © Giangiacomo Feltrinelli Editore Srl Milano
First published as *Genesi* in May 2019. All rights reserved.
Korean translation rights arranged with Giangiacomo Feltrinelli Editore
Milano through Danny Hong Agency, Seoul.
Korean translation copyright © 2024 by Sam & Parkers Co., Ltd.

이 책의 한국어판 저작권은 대니홍 에이전시를 통한 저작권사와의 독점 계약으로
㈜쌤앤파커스에 있습니다.
저작권법에 의해 한국 내에서 보호를 받는 저작물이므로 무단전재와 복제를 금합니다.

귀도 토넬리 지음
김정훈 옮김 | 남순건 감수

우주, 지구,
생명의 기원에 관한
경이로운 이야기

제네시스
GENESIS

쌤앤
파커스

GENESIS

꼬마 자코포에게

"우리에게는 시가 필요하다, 절실히."

팔레르모 중심가 골목 벽에 새겨진 익명의 글, 2018년 10월

"그 어떤 고통도 이야기 속에 담거나
그것에 대한 이야기를 들려주면 견딜 수 있다."

카렌 블릭센Karen Blixen

"뿌리내린다는 것은 아마도 인간 영혼의 필요 중에서
가장 중요하면서도 가장 덜 인식된 것이리라."

시몬 베유Simone Weil

차례

프롤로그

세상에서 정말 중요한 것을
이해하려는 노력

THE
STORY
OF
HOW
EVERYTHING
BEGAN

GENESIS

"교수님, 안녕하세요? 뭐 하나 물어봐도 될까요? 제가 제대로 이해했다면, 여전히 비어 있다는 거죠? 우리 주변의 우주 전체가 말이에요. 도널드 트럼프와 저를 미치게 만드는 FCA 주주들까지 포함해서요. 너무 아름다워요. 멋져요. 전 물리학을 공부해야 한다는 걸, 그리고 제가 40년 동안 처리해온 이 모든 헛짓거리를 그만두어야 한다는 걸 언제나 알고 있었어요."

피아트 크라이슬러 그룹의 회장 세르지오 마르치오네Sergio Marchionne는 격무에 시달리는 단조로운 일주일이 끝날 무렵 미국에서 나에게 전화를 걸어왔다. 마라넬로에서 이틀을 보내고 헬리콥터를 타고 토리노로 이동한 후 다시 디트로이트로 날아가 한 주를 마무리하고 다시 투어를 시작하는 일정이었다. 변동이 거의 없고 휴식도 여가도 없다.

이 모든 것은 2016년 7월 말, 인터뷰를 위해 페라리 공장을 방문하도록 초대를 받으면서 시작되었다. 내게는 그 기술적 보배들을 직접 보고, 새로운 모델에 옛 장인들처럼 거의 광적인 열정을 쏟는 젊은 기술자와 엔지니어들과 이야기를 나눌 수 있는 기회였다. 금세 아침이 지나갔고 우리는 엔초 페라리Enzo Ferrari가 점심을 먹었던 레스토랑의 테이블에 앉아 있었다. 사방에는 '가부장 patriarca'(페라리의 별명 중 하나)의 사진과 그의 수많은 승리의 유물이 전시되어 있었다. 포뮬러 원과 전기 페라리에 대해 이야기를 나누던 중 뜻밖의 전화 한 통이 걸려왔다. 사무실에 좀 들러줄 수 있겠냐는 세르지오 마르치오네의 전화였다.

예의상 간단히 인사를 나누는 정도이겠거니 생각하고서 위층으로 올라갔는데, 앉을 틈도 없이 느닷없이 질문이 날아왔다.

"교수님, 신을 믿으십니까?"

시작이 이렇게 되니, 짧고 형식적인 인사로 끝나지는 않겠다는 것을 알 수 있었다. 우리는 다음 한 시간 동안 우주가 어떻게 생겨났는지, 진공은 무엇인지, 시공간은 어떻게 탄생했으며 그 종말은 어떨지에 대해 이야기를 나누었다. 마르치오네는 담배를 연이어 피워가며 모든 것에 대한 설명을 요구했다. 그의 눈에서는 진지한 호기심과 놀라움을 읽을 수 있었다.

"제가 어렸을 때 공부하고 싶었던 것들이 바로 그런 것들이에요. 과학 과목은 제대로 접해본 적이 없었습니다. 그래서 철학 학위를 받았죠. 그러다가 인생이 전혀 다른 방향으로 흘러갔어요."

그리고 그는 결코 단순하지 않았던 캐나다에서의 청소년기, 그리고 세계에서 가장 중요한 기업의 대표가 되기까지의 우여곡절에 대해 이야기했다.

나를 공항까지 데려다주어야 하는 운전기사가 비행기 시간에 늦을까봐 초조해하고 있다고 비서가 알려 와서, 우리는 작별 인사를 해야 했다. 마르치오네는 떠나기 전에 내 책 《사물의 불완전한 탄생La nascita imperfetta delle cose》을 선물로 받고 싶다고 했고, 나는 나중에 그가 책을 읽었는지 확인하기 위해 질문을 하겠다고 말했다. 2주 후 첫 전화를 받았을 때, 나는 그가 이 게임에 참여했다는 사실을 알게 되었다.

몇 달 후 나는 페라리가 모데나에서 가장 중요한 동업자들과 함께 주최하는 연례 회의에 다시 초대를 받았다. 저녁 식사에서 우리는 질문 게임을 계속했는데, 이번에는 다른 손님들도 함께 참여했다. 그리고 우리는 블랙홀, 스티븐 호킹, 중력파에 대해 토론하며 저녁 시간을 보냈다. 그러다 디저트가 나오기 직전에 마르치오네는 모든 일을 멈추게 하더니 나에게 강연을 하라고 권유했다. 그는 나에게 우주의 탄생과 힉스 보손Higgs boson의 발견에 대한 이야기를 들려달라고 요청했다.

"교수님, 봐주지 말고 세게 얘기해주세요. 이 사람들이 세상에서 정말 중요한 게 뭔지 이해했으면 좋겠어요."

저녁이 끝날 무렵, 그는 나를 붙들고 말했다.

"몇 년 후 저는 이 모든 일을 그만두고 다시 물리학 공부를 시작할 겁니다. 제가 양자역학과 입자 물리학을 더 잘 이해할 수 있도록 대중적이지만 너무 대중적이지는 않은 도서 목록을 마련해주겠다고 약속해주세요."

나는 우리 모두의 마음속에 물리학이 다루는 커다란 질문들이 들어 있으며, 그 원초적인 호기심은 여전히 모두의 영혼 안에서 불타고 있다고 종종 말하고는 했다. 나는 그에게 참고 문헌을 보내주겠다고 약속하면서도 눈에서 어떤 회의감을 숨기지 못했다.

"교수님, 믿어주세요. 전 그렇게 할 겁니다."

당시 우리는 이 계획이 얼마나 빨리 엎어질지 상상할 수 없었다. (마르치오네는 2019년 4월 FCA를 은퇴할 예정이었으나, 2018년 7월 66세의 나이로 사망하였다.)

우리의 관점을
영원히 바꾸어놓는 세상

THE
STORY
OF
HOW
EVERYTHING
BEGAN

GENESIS

4만 년 전, 호모사피엔스가 아프리카에서 두 번째로 이주해왔을 때 유럽의 많은 지역에는 이미 네안데르탈인이 살고 있었습니다. 그들은 작은 씨족 단위로 모여 동굴에서 살았는데, 그 속에는 그들이 복잡한 상징 세계를 지니고 있었음을 보여주는 분명한 증거가 남아 있습니다. 동굴 벽에 그려진 동물을 상징하는 문양과 그림, 태아의 자세로 묻힌 시신, 뼈와 커다란 종유석이 의식을 치르듯 원형으로 배열되어 있는 것입니다.

그렇다면 우리는 그 동굴 안에서 이미 세상의 기원에 대한 이야기가 울려 퍼지고, 원로들이 아이들에게 고대 이야기의 메아리를 (말의 힘과 기억의 마법으로) 전하는 모습을 상상할 수 있습니다. 헤시오도스가 《신들의 계보》에서 시와 우주론을 엮어 우주가 어떻게 생겨났는지에 대한 기록을 남기기 수천 년 전의 일이었습니다.

세상의 기원 이야기는 과학 언어 덕분에 오늘날까지도 계속되고 있습니다. 방정식에서 시를 떠올리기는 어렵지만, (진공 요동이나 우주 급팽창에서 생겨난 우주와 같은) 현대 우주론의 개념은 여전히 우리를 숨죽이게 합니다.

이 모든 이야기는 '이 모든 것이 어디에서 왔는가'라는 간단하면서도 피할 수 없는 질문에서 비롯됩니다.

이 질문은 지역을 불문하고 아주 다양한 문화권에 속한 사람들 사이에서 여전히 공감을 불러일으키는 질문이며, 서로 멀어 보이는 문명들 사이에서도 공통적으로 발견되는 특성이기도 합니다. 어린이와 경영자, 과학자와 주술사, 우주비행사와 보르네오나 아마존 지역에서 고립되어 살아가는 소규모 수렵 채집 집단의 마지막 대표자들도 같은 질문을 던집니다.

이 질문은 너무나 원초적이어서, 어떤 사람들은 우리 이전에 살았던 종들이 우리에게 이 질문을 전해주었을 것이라고 상상하기도 합니다.

기원 신화들과 과학

콩고의 쿠바족은 암흑 세계의 위대한 지배자인 음봄보 Mbombo가 끔찍한 복통에서 벗어나기 위해 해와 우주를 창조하고 달, 별을 토해냈다고 믿었습니다. 아프리카 사헬Sahel의 풀라니Fulani족에 따르면, 영웅 둔다리Doondari 가 거대한 우유 방울을 흙과 물과 철, 불로 바꾸었다고 합니다. 적도 아프리카 숲의 피그미족은 원시 물속에서

헤엄치던 거대한 거북이가 알을 낳으면서 모든 것이 생겨났다고 믿었습니다.

　대부분의 신화 이야기는 거의 항상 세상의 기원에 불분명하고 무서운 무언가가 존재한다고 말합니다. 그것은 혼돈과 어둠일 수도 있고 무형의 유동적인 공간, 거대한 안개나 황량한 대지일 수도 있습니다. 그러다가 어느 날 초자연적인 존재가 개입하여 형태를 만들고 질서를 가져옵니다. 그리고 거대한 파충류나 태초의 알, 영웅이나 창조자가 나타나 하늘과 땅을 나누고 태양과 달을 만들어 동물과 인간에게 생명을 줍니다.

　질서를 수립하는 일은 꼭 필요한 단계입니다. 낮과 밤의 순환과 계절의 변화 등 공동체의 삶에 리듬을 줄 바탕을 마련하고 규칙을 세워야 하기 때문이죠. 원시적 혼돈은 사나운 짐승과 지진, 가뭄과 홍수 등 자연이 풀어놓은 힘의 먹이가 될 수 있다는 공포를 불러일으킵니다. 그러나 영웅이 세상에 질서를 가져오고, 자연에게 영웅이 세운 규칙을 따르도록 하면, 약한 인류도 생존하고 번식할 수 있습니다. 자연의 질서는 사회 질서에 반영되어, 허용되는 것과 금지된 것을 규정하는 일련의 규범과 금기로 나타납니다. 집단의 모든 사람들이 최초의 조약으로 설정된 규칙에 따라 행동하면, 이 규칙의 울타리가 공동체를 보호하여 붕괴되지 않도록 막아줄 것입니다.

신화에서는 다른 구성물들도 태어나 종교와 철학, 예술과 과학이 됩니다. 이들은 서로 섞이고 비옥해져 수천 년의 문명을 꽃피워낼 수 있었습니다. 그러나 과학 분야가 다른 사변적 활동에 비해 급격하게 발전하는 순간부터 이러한 결합은 무너지기 시작합니다. 그리고 수세기 동안 변하지 않던 사회의 더딘 리듬은, 전 인류의 삶의 방식을 근본적으로 바꾸는 일련의 발견으로 인해 갑자기 깨집니다. 갑자기 모든 것이 무서운 속도로 변화하고 계속해서 변화합니다.

과학의 발전과 함께 근대가 탄생하고 사회는 역동적으로 끊임없이 변화합니다. 사회집단들은 동요에 빠지고 지배계급은 근본적인 변화를 겪어 힘의 균형이, 몇 년은 아니더라도, 불과 수십 년 만에 뒤집어집니다.

그러나 가장 깊은 변화는, 우리가 의사소통하거나 부를 창출하는 방식, 치료나 이동의 방식에서 일어나는 것이 아닙니다. 가장 급진적인 변화는 우리가 세상을 바라보는 방식과 세상 안에서, 우리의 자리에서 일어납니다. 현대 과학이 제공하는 기원 이야기의 일관성과 완성도는 타의 추종을 불허합니다. 다른 어떤 학문도 과학자들이 제공한 무수한 관찰 결과에 부합하는 설득력 있고 검증 가능한 설명을 제공하지 못합니다.

비록 인류가 수천 년 동안 함께 했던 세계의 시나리오는 그 마법과 신비를 점차 잃어가고 있다 해도, 우리가 과학을 통해 점차 발전시킨 세계상은 상상할 수 없으리만큼 놀랍습니다. 과학은 신화보다 훨씬 더 상상력이 풍부하고 강력한 이야기로 우리의 기원에 관해 말해줍니다. 이 이야기를 짓기 위해 과학자들은 현실의 가장 은밀하고 미세한 구석까지 들여다보고, 가장 먼 세계를 탐험하고, 기존에 알던 것과는 너무도 다른 물질의 상태를 이해하느라 정신이 아찔할 정도의 노력을 해왔습니다.

그렇게 생겨난 패러다임의 전환은 한 시대를 정의하고, 우리의 관계를 돌이킬 수 없을 정도로 변화시켰습니다. 이 기저의 움직임에 리듬을 부여하는 과학적 발견의 부단한 압력은, 마치 지구의 지각을 변형시키고 때로는 영구적인 균열을 일으키는 마그마의 강력한 힘과도 같습니다.

우주의 기원에 대해 과학이 만들어낸 이야기는 이미 우리의 삶에 영향을 미치고 있습니다. 과학은 새로운 사회 협약이 구축될 토대를 근본적으로 수정하고, 기회와 위험들의 유례없는 전망을 열어주고, 새로운 세대의 미래를 결정합니다.

그렇기 때문에 고대 그리스의 모든 공동체가 폴리스의 건국 신화를 알고 있었던 것처럼, 오늘날 과학이 제공하는 기원 이야기도 모든 사람이 알아야 합니다. 그러나 이를 위해서는, 먼저 큰 장애물을 극복해야 합니다. 어려운 과학 언어를 다룰 수 있어야 하는 것입니다.

복잡한 언어

이 모든 것은 400여 년 전에 일어난 사소한 에피소드에서 비롯됩니다. 그 주인공은 파도바대학교에서 기하학과 역학을 가르친 피사 출신 교수, 갈릴레오 갈릴레이입니다. 그는 네덜란드의 한 안경사가 만든 이상한 대롱을 천체를 관측하는 도구로 개조하기 시작했을 때만 해도, 앞으로 어떤 문제가 벌어질지 상상조차 할 수 없었습니다. 자신의 관측이 전 세계에 가져올 격변은 더더욱 예견할 수 없었습니다.

갈릴레이는 자신의 렌즈 장치를 통해 하늘을 보고서 말문이 막혔습니다. 달은 가장 권위 있는 문헌에 묘사된 것처럼 완벽한 천체가 아니었던 것이죠. 그것은 불후의 물질로 이루어진 것이 아니라, 우리가 사는 지구처럼 산과 가장자리가 들쭉날쭉한 분화구, 평야들로 이루어져 있었습니다. 태양은 반점이 있고 자전하는 천체였습니다. 은하수는 거대한 별들의 무리고, 목성을 둘러싼 '작은 별들'은 달과 그 주위를 도는 달과 같은 위성이었습니다.

1610년 갈릴레이가 《시데레우스 눈치우스Sidereus Nuncius》에서 이 모든 것을 발표했을 때, 그는 자신도 모르게, 천 년 이상 세상을 지배해온, 아무도 감히 의문을 제기하지 못했던 신념과 가치 체계를 휩쓸어버리는 눈사태를 일으켰습니다.

갈릴레이와 함께 근대가 탄생했습니다. 인간은 모든 보호에서 벗어나 자신의 창의성으로만 무장한 채 광활한 우주를 홀로 마주하게 되었습니다. 과학자는 더 이상 책에서 진리를 찾지 않고, 더 이상 권위의 원칙 앞에서 고개를 숙이지 않으며, 전통으로 내려온 공식을 반복하지 않고, 모든 것을 치열한 비판의 대상으로 삼게 되었습니다. 과학은 '분별 있는 경험'과 '필연적인 증명'을 통해

'잠정적 진리'를 창의적으로 탐구하는 일이 됩니다.

과학적 방법의 힘은 더없이 다양한 자연현상을 관찰, 측정, 분류할 수 있는 도구를 통해 가설을 검증하는 데에 있습니다. 갈릴레이가 '분별 있는 경험'이라고 부르는 실험의 결과가, 가설이 유효한지 폐기되어야 하는지를 결정하는 것입니다.

갈릴에이의 관찰에서 시작해, 코페르니쿠스와 케플러의 '미친' 이론을 뒷받침하는 반박할 수 없는 증거가 곧 발견되고, 세계상은 급격하게 변화해 다시는 예전과 같지 않게 될 것입니다. 예술, 윤리, 종교, 철학, 정치 등 모든 것이, 인간과 그의 이성을 모든 것의 중심에 두는 이 개념적 혁명에 의해 변형될 것입니다. 이 새로운 접근 방식이 비교적 짧은 시간에 가져올 격변은, 전례를 찾기 어려울 정도로 근본적일 것입니다.

갈릴레이의 과학이 그토록 혁명적인 이유는 진리를 소유할 권리를 주장하지 않고, 예측이 반증될 수 있는 가능성을 끊임없이 추구하기 때문입니다. 그것은 그때까지 얻은 확실성이 갑자기 무너질 수 있는 전망을 환영하며, 실험적 검증을 바탕으로 자기를 교정합니다. 그리하여 점점 더 정교해지고 복잡해지는 가설을 테스트하기 위해, 물질과 우주의 가장 구석진 곳까지 탐구하는 방향으로 나아갑니다.

이렇게 끈질기고 자기비판적인 접근에서 새로운 개념이 생겨나고, 이해하기 어렵고 무관해 보이던 현상들이 설명됩니다. 그리하여 점점 더 완전하고 정교한 세계상이 구축되면서, 우리는 가장 먼 곳의 자연현상의 아주 세세한 부분까지 파악하고, 더욱더 정교한 기술을 개발할 수 있게 됩니다.

이 과정에서 치러야 하는 대가는, 점점 더 복잡한 도구와 갈수록 상식과는 동떨어진 언어를 사용해야 한다는 것입니다. 일상생활의 영역을 벗어나자마자, 우리의 일상적인 활동을 나타내는 도구와 개념적 장치는 완전히 부적절해집니다. 물질의 비밀이 숨겨져 있는 작은 차원이나 우주의 기원을 알려주는 광활한 우주 공간을 탐험하려면, 특별한 장비와 수년간의 준비가 필요한 것이죠.

이는 놀랄 일이 아닙니다. 지구에서도 모험적인 탐험을 하려면 많은 노력과 특별한 도구가 필요합니다. 극한지역의 항해나 히말라야 등반, 심해 탐험을 생각해보세요. 과학적 탐험이 더 쉬워야 할 이유가 무엇인가요?

그래서 물리학을 정말로 이해하고 싶은 사람들은 군

론과 미적분을 공부하고, 상대성이론과 양자역학을 익히고 장이론을 배우느라 수년 동안 고생해야 할 것입니다. 이것들은 모두 어려운 주제로, 수년간 공부해온 사람들도 통달하기 어려운 언어와 개념을 포함하고 있습니다. 그러나 대부분의 사람들이 현대 과학 연구의 살아 있는 심장부에 들어가지 못하도록 막는 전문용어의 장벽은 쉽게 제거할 수 있습니다. 일상적인 언어를 사용해 기본 개념을 설명할 수 있고, 그리하여 무엇보다도 과학이 만들어내는 새로운 세계상에 누구나 접근할 수 있는 것입니다.

위험한 여정

우주의 기원을 이해하려면 우리는 매우 위험한 여정을 기꺼이 마주해야 합니다. 그 위험은, 익숙한 환경에서 너무 멀리 떨어져 있어 일반적인 범주가 전혀 통하지 않는 곳으로 우리의 정신을 밀어붙여야 한다는 사실에서 비롯됩니다. 그래서 우리는 말할 수 없는 것을 말하고 상상할 수 없는 것을 묘사하며 정신의 한계를 시험하지 않으면 안 됩니다. 우리 호모사피엔스사피엔스의 정신은 지구를 탐험하고 식민지를 개척하는 데 매우 강력한 도구였지만, 그토록 먼 곳에서 일어나는 일을 완전히 이해하기에는 몹시 부적합한 것으로 드러났기 때문입니다. 그래서 옛 탐험가들처럼 우리도 뱃머리를 수평선으로 향하게 하고 미지의 바다를 항해하는 위험과 불확실성을 받아들이는 것 외에는 다른 선택지가 없습니다.

그러나 과학 연구에서는 귀항도 매우 중요합니다. 이런 점에서 오늘날의 연구자는, 어디에 있든 항상 이타카에 다다를 순간을 꿈꾸는 오디세우스와 매우 비슷합니다. 집으로 돌아온다는 것은, 항로가 새로운 땅으로 이어지지 않았거나 끔찍한 난파를 겪었더라도, 갈 수 없는 항로와 피해야 할 위험한 암초에 대해 다른 선원들에게 말해줄 수 있다는 것을 의미합니다.

현대 과학은 위대한 집단적 모험이기도 하기 때문입니다. 우리에게는 안내도와 이론이 있지만, 우연은 종종 우리를 전혀 미지의 장소로 데려가기도 합니다. 세심하게 설계된 '배'가 있지만, 작은 것 하나라도 놓치면 재앙이 닥칠 수 있습니다. 우리 승무원은 열정적인 정신과 인내심을 지니고 호기심 가득한 수천 명의 현대의 탐험가들의 다채롭고 활기찬 집단입니다. 이들은 그 어떤 예기치 못한 상황이 벌어지더라도 오디세우스처럼 신속하게 새로운 전략을 고안해내어 극복하려 합니다.

우리의 연구가 목표로 하는 것은 거의 철학적인 질문이기는 하지만(물질은 무엇으로 이루어져 있는가? 우주는 어떻게 생겨났는가? 세계는 어떻게 될 것인가?), 그래도 실험 물리학자의 작업은 그 무엇보다 구체적인 활동입니다.

아주 작은 물질 조각의 작용을 탐구하는 입자 물리학자는 그저 책상에 앉아 수식을 계산하고 이론을 구상하며 새로운 입자를 상상하고만 있는 것이 아닙니다. 현대의 고에너지 물리 장비는 5층 건물만큼이나 크고, 순양함만큼 무겁고, 수천만 개의 센서가 달려 있습니다. 이러한 경이로운 기술을 구축하고 작동시키려면, 수천 명의 인력과 수십 년에 걸친 집중적이고 세심한 주의가 필요합니다. 기존의 것보다 더 정교한 새로운 장치를 만들고, 항해를 위해 더 빠르고 날랜 '배'를 만들기 위해, 수년간 시제품을 개발하고 작동시켜본 다음 대규모로 생산하기까지 오랜 시간이 걸립니다. 이렇게 공들여 만든 탐지기를 설치해 진행한 실험이 몇 달 동안 아무 탈 없이 진행되더라도, 재앙에 대한 공포는 여전히 남아 있습니다. 간과된 세부 사항이나 결함이 있는 칩, 깨지기 쉬운 커넥터, 급하게 납땜한 냉각 튜브는 언제든지 작업 전체에 돌이킬 수 없는 손상을 입힐 수 있습니다. 뛰어난 과학적 성공과 최악의 실패 사이의 차이는, 종종 작고 사소한 세부 사항에 숨어 있습니다.

지식의 두 가지 길

시공간의 탄생에 대한 실험 정보를 어떻게 수집할 수 있을까요? 과학자들은 갓 태어난 우주의 첫 울음을 어떻게 연구하는 걸까요? 여기서 서로 완전히 독립적이고 완전히 이질적인 두 가지 경로의 지식이 작동합니다.

한편에는 무한히 작은 것을 탐구하는 입자 물리학이 있습니다. 그 출발점은 우리를 둘러싸고 있는 물질, 즉 암석과 행성, 꽃과 별 등 우리를 포함한 모든 것을 형성하는 물질이 매우 특별한 성질을 가지고 있다는 사실입니다. 이는 평범해 보이지만 사실은 매우 독특한 속성이며, 우주가 매우 오래되었고 현재 매우 차가운 구조라는 사실과 관련이 있습니다. 가장 최근의 데이터에 따르면

'우리 집'은 거의 140억 년 전에 지어졌고, 엄청나게 추운 환경에 있다고 할 수 있습니다. 행성 지구에 고립된 우리로서는 모든 것이 따뜻하고 편안해 보이지만, 대기의 보호막을 벗어나자마자 온도는 급락합니다. 별들 사이의 광대한 빈 공간이나 은하계 공간의 어느 지점에서나 온도를 측정하면, 온도계는 절대영도♦보다 약간 높은 섭씨 영하 270도를 나타냅니다. 희박하고 매우 오래되었으며 매우 차가운 현재 우주의 물질은, 엄청나게 높은 밀도의 작열하는 물체였던 아기 우주의 물질과는 매우 다르게 행동합니다.

탄생의 첫 순간에 무슨 일이 일어났는지 이해하려면, 우리는 창의력을 발휘해 현재 물질의 작은 조각을 원래 조건의 매우 높은 온도로 되돌리는 방법을 찾아야 합니다. 일종의 시간 여행을 시도해야 하는 것이죠.

이것이 바로 입자가속기에서 일어나는 일입니다. 우리는 에너지는 질량에 광속의 제곱을 곱한 값과 같다는 아인슈타인의 방정식을 이용해, 양성자나 전자가 매우 높은 에너지에서 충돌하도록 만듭니다. 충돌 에너지가

♦ 물리학에서 거시적으로 이론적인 온도의 최저점. 섭씨 영하 273.15도.

높을수록 얻을 수 있는 국소적 온도가 높아지고, 우리가 산출하여 연구할 수 있는 입자의 질량도 커집니다. 최대 에너지에 도달하려면 제네바 인근 지하에 27km에 걸쳐 뻗어 있는, 유럽 입자 물리 연구소(CERN)의 대형 강입자 충돌기(LHC)와 같은 거대한 장치가 필요합니다.

여기에서 공간의 작은 부분을 원시우주와 비슷한 온도로 가열하여 멸종된 입자를 다시 살려낼 수 있습니다. 태초의 작열하는 물체를 채우고 있다가 이미 오래전에 사라진 극대 입자들을 되살리는 것입니다. 가속기 덕분에 입자들이 마치 얼음 석관에서 동면 중이다가 깨어난 것처럼 한순간 다시 나타나 우리가 이를 자세히 조사할 수 있게 됩니다. 힉스 보손도 이런 식으로 발견한 것이었습니다. 우리는 138억 년 동안 잠들어 있던 입자 한 줌을 다시 깨워냈습니다. 물론, 많은 이들이 찾아왔던 이 보손은 즉시 더 가벼운 입자들로 붕괴되었지만, 검출기에는 특유의 흔적을 남겼습니다. 이 특수한 붕괴에 대한 이미지가 축적되고, 신호가 배경과 뚜렷이 구별되고 다른 가능한 오류 원인이 통제되고 있음을 확신하는 순간이 왔을 때, 우리는 이 발견을 세상에 알렸습니다.

극히 작은 것에 대한 탐구, 소멸된 입자의 복원, 원시 우주를 채웠던 물질의 이질적인 상태에 대한 이러한 연구는 시공간의 첫 순간을 이해하는 두 가지 길 중 하나가 됩니다. 다른 하나는 거대 장비인 초거대 망원경을 사용해 무한히 큰 우주를 탐사하고, 별과 은하와 은하단을 연구하며 우주 전체까지도 관측하려는 시도입니다. 여기서도 우리는 빛의 속도가 초속 약 30만km로 고정되어 있는 아인슈타인의 방정식을 활용합니다. 이 속도는 매우 빠르지만 무한한 속도는 아닙니다. 따라서 우리가 아주 멀리 있는 물체를 관측할 때 우리로부터 수십억 광년 떨어져 있는 은하들은 지금 현재의 모습이 아니라('지금'이 무엇을 의미하는지는 정의하기 어렵지만요) 수십억 년 전의 모습으로 보입니다. 즉, 지금 우리에게 도달한 빛을 처음 방출했던 그때의 모습으로 말입니다.

초거대 망원경으로 매우 크고 매우 먼 물체를 관찰하면 우주 형성의 모든 주요 단계를 '라이브'로 관찰하고, 우리 행성계의 역사에 대한 귀중한 데이터를 수집할 수 있습니다. 이러한 방식으로, 거대한 가스성운의 중심부에서 생겨나는 수천 개의 새로운 별이 방출하는 첫 번째 희미한 신호를 관찰함으로써 별이 어떻게 탄생하는지 이해할 수 있죠. 새로운 천체 주위를 도는 물질 고리에서 가스와 먼지가 두꺼워지는 것을 발견하면, 이는 원시 행성계가 형성되고 있다는 확실한 표시가 됩니다. 우리 태양과 그 주변의 행성들도 이런 방식으로 형성되었는데, 그러한 장면은 이렇게 '라이브'로 볼 수 있다는 것은 정말 놀라운 일입니다.

좀 더 나아가면, 우리는 최초의 은하가 형성되는 것도 목격할 수 있습니다. 이 소용돌이치는 물체는 때때로 모든 파장에서 엄청난 양의 방사선을 방출하는데, 이는 은하 탄생의 명백한 신호입니다. 초거대 망원경을 통해 우리는 우주 전체의 경이로움을 관찰하고 그 일부 특성을 놀랍도록 정확하게 측정할 수 있게 되었습니다. 우주의 국지적 온도 분포는 일종의 놀라운 기억과 같아, 태초에 일어난 일의 흔적을 역력히 담고 있습니다. 온도의 작은 변동만으로 우주의 가장 먼 역사에 대해 알 수 있는 것이죠.

그러나 가장 놀라운 점은 완전히 독립된 두 과학 집단이 운용하고, 서로 몹시 다른 방법에 기반한 지식의 두 경로가 완전히 정합적이라는 것입니다. 놀랍게도, 무한히 작은 입자의 세계에서 수집된 데이터와 천문학적 규모의 먼 거리에서 수집된 데이터가 동일한 기원 이야기로 수렴하는 것이죠.

여기 들어오는 자들아,
모든 편견을 버려라

과학은 무엇보다도 모든 형태의 편견을 버릴 것을 요구합니다. 진정한 탐험가는 예상치 못한 일을 두려워하지 않으며, 오히려 전혀 뜻밖의 현상을 기대합니다. 황금 양털을 찾아 떠난 아르고호의 영웅들처럼, 그들을 움직이는 것은 보상이 아니라 호기심입니다. 탐험가는 평안을 좇지 않고 위험을 사랑하죠.

우리는 이제 곧 세계의 기원을 향한 여정을 시작할 것입니다. 그러기 위해서는 사물의 지속성이나, 우리 주변의 조화로움을 목격할 때 느껴지는 안도감 등, 우리의 일상을 이끄는 개념들을 즉시, 그리고 영원히 버려야 합니다. 모든 것이 질서정연하고 규칙적인 체계로 보이고 그와 대조되는 혼돈과 무질서는 멀리 구석으로 밀려나 있던 때와는 달리, 우리는 더 이상 우주를 '코스모스'라는 말로 부를 수 없게 될 것입니다.

우리는 일상생활과 우리가 살고 있는 이 얇은 구형 껍질 속에서 습관적으로 보고 경험하는 것에 너무 많이 좌우됩니다. 그 때문에 우리의 삶을 지배하는 법칙이 우주의 다른 모든 구석에 널리 퍼져 있는 법칙과 동일할 것이라고 자연스레 상상합니다. 낮이 지나면 밤이 오는 규칙성, 달의 주기와 계절의 반복, 하늘을 밝히는 별들의 지속성에 매료되어 우리는 비슷한 종류의 균형이 언제 어디서나 존재할 것이라고 상상했습니다. 하지만 사실은 그렇지 않습니다. 그 반대입니다.

우리는 겨우 수백만 년 동안 이곳에 존재해왔으며, 우주적 과정의 주기에 비하면 극히 짧은 기간을 살아온 생명체입니다. 우리는 물이 풍부한 따뜻한 암석 행성에 살고 있으며, 마법 담요처럼 자외선을 흡수하고 우주 광선과 입자들의 파괴적인 영향으로부터 우리를 보호하는 편안한 대기와 자비로운 자기장에 둘러싸여 보호받고 있습니다. 우리의 어머니 별인 태양은 중간 크기의 별이며, 우리 은하계에서 매우 조용한 주변부 지역에 위치하고 있습니다. 태양계 전체는 이른바 은하수의 중심에서 2만 6,000광년 떨어진 곳에서 천천히 공전하고 있습니다. 은하수 중심에는 태양보다 400만 배 더 무겁고 주변에 있는 수천 개의 별을 파괴할 수 있는 괴물 같은 블랙홀인 궁수자리 A*가 도사리고 있기 때문에, 이 정도면 안전한 거리죠.

평온하게 정지해 있는 것처럼 보이는 별과 같은 천체에서 일어나는 현상들을 주의 깊게 관찰해보면, 우리는 놀라운 물체를 발견하고 엄청난 양의 물질이 매우 특이한 방식으로 행동할 수 있음을 발견하게 됩니다.

태양 한두 개의 질량이 약 10km 반경에 집중되어 있는 고밀도의 어두운 천체인 펄서pulsar가 바로 그 예입니다. 무수한 중성자들의 덩어리인 펄서의 엄청난 중력은 별의 물질을 중성자로 분쇄하여 압축하고, 붕괴되는 별은 고속으로 회전하면서 거대한 자기장을 생성합니다.

일부 은하 중심에서 포효하는 초거대 질량 천체인 퀘이사quasar와 블레이자blazar와 같이 더 굉장한 것들도 있습니다. 태양의 수십억 배에 달하는 엄청난 질량을 가진 블랙홀은 그 무시무시한 중력장에 붙잡힌 불운한 별들을 삼켜버릴 수 있습니다. 수백만 년에 걸쳐 펼쳐지는 그 죽음의 춤은 지구에서도 관찰할 수 있습니다. 블랙홀로 빨려 들어간 물질이 뒤틀리고 분해되어 고에너지의 제트와 감마선을 방출해 감지기에서 식별되기 때문입니다.

이 이상한 천체들인 중성자별과 블랙홀은 '코스모스'의 전역에서 수시로 발생하는 엄청난 재앙의 원인입니다. 그러나 오늘날 이러한 천체들은 매우 정밀하게 연구할 수 있어서, 그것들이 서로 충돌하여 시공간을 비틀고 수십억 광년 떨어진 우리에게까지 도달하는 중력파를 생성하는 것을 볼 수 있을 정도입니다.

그러나 '코스모스'의 겉모습 아래에 '카오스'가 숨어 있다는 것을 이해하기 위해 그렇게까지 멀리 볼 필요는 없습니다. 태양의 표면만 자세히 들여다봐도 됩니다. 평온하게 우리의 하루를 비춰주는 고요한 별처럼 보이는 태양을 가까이서 보면, 무수한 열핵 폭발, 대류 운동, 엄청난 질량의 주기적 진동과 거대한 자기장에 의해 사방으로 뿜어져나가는 플라즈마의 흐름으로 이루어진 복잡한 혼돈의 체계가 드러납니다. 이 별 안에서는 수많은 세월 동안 지속되어온 거대한 힘들의 충돌이 일어나고 있으며, 그 전투의 승자는 단 하나, 바로 중력입니다. 그리고 수십억 년 후 핵연료가 고갈되면 중력은 마침내 내부층을 산산이 부수어 분쇄하는 데 성공하여 우리의 태양을 붕괴시킬 것입니다. 중심핵은 압축되고 외층은 팽창하기 시작하여 수성, 금성, 지구까지 도달해 그것들을 순식간에 증발시켜버릴 것입니다.

혼돈으로 가득한 시스템도 멀리서 보면 질서정연하고 규칙적으로 보일 수 있는 것이죠. 그리고 관찰의 다른 쪽

극단인 무한히 작은 세계에서도 이는 마찬가지입니다.

겉보기에 매끄럽고 광택이 나는 표면도 아주 자세히 보면, 물질의 기본 구성 요소들이 미친 듯이 요동치고 진동하며 상호작용하고 변화하는 혼돈의 춤을 우리는 곧바로 마주하게 됩니다. 양성자와 중성자를 구성하는 쿼크와 글루온은 끊임없이 상태를 변화시키며 상호작용하고, 주변의 무수히 많은 가상 입자들과도 상호작용합니다. 미시적 수준에서 물질은 우연과 불확정성 원리가 지배하는 양자역학의 법칙을 어김없이 따릅니다. 아무것도 가만히 있지 않고, 모든 것이 끊임없이 변화하는 다양한 상태와 가능성으로 부글거리고 있죠.

그러나 이러한 입자들도 대규모로 관찰하고 구조가 거시적이 되면, 그 역학을 지배하는 메커니즘은 거의 마술처럼 규칙성과 지속성, 질서와 평형을 얻게 됩니다. 온갖 방향으로 전개되는 엄청난 수의 무작위적인 미시적 현상들이 중첩되어, 질서 있고 지속적인 거시적 상태가 생성됩니다.

어쩌면 이 구조적으로 보이는 사실을 설명하기 위해 새로운 개념을 사용해야 할지도 모르겠습니다. '코스믹 카오스cosmic chaos'가 우주에서 서로를 쫓으며 숨바꼭질을 하는 두 존재 사이의 관계를 포착하기에 적합한 모순 어법일 수 있겠습니다. 이는 기본 입자 세계의 가장 작은 구석을 탐사할 때에도 볼 수 있는 게임이지만, 은하나 은하단과 같은 거대 구조나 별의 중심에서 일어나는 일을 관찰할 때도 벌어지는 게임입니다.

우주의 탄생을 이해하려면 우리는 무엇보다도 질서에 대한 편견을 버려야 합니다. 우리는 오직 상상력의 안내를 따라 나아가는 여정을 시작할 것이며, 가장 환상적인 공상과학소설조차 진부하게 보일 정도로 대담한 개념에 의지하게 될 것입니다. 이 여정에서 우리는 세상에 대한 우리의 관점을 영원히 바꾸어놓는 이론을 만나게 될 것입니다. 그리고 그 끝에서는 아마도 우리 자신이 처음과는 달라졌음을 발견하게 될 것입니다.

안전벨트를 매세요. 이제 곧 출발합니다.

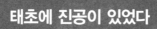
태초에 진공이 있었다

THE
STORY
OF
HOW
EVERYTHING
BEGAN

G E N E S I S

태초에 진공이 있었다.

'빅뱅 이전에 무엇이 있었을까?'라는 어려운 질문에 우리는 이렇게 대답할 수 있습니다.

사실 엄밀히 말하면 질문이 좀 잘못 제기됐습니다. 곧 보게 되겠지만, 시공간은 '질량-에너지'와 함께 세상에 들어왔으니까요. 그래서 '이전'이란 존재하지 않으며, 아직 태어나지 않은 우주 '저편'에 똑딱이는 시계도 없는 것입니다. 그렇더라도 앞으로 할 이야기를 위해서는, 이러한 논리적 난점은 일단 무시하고 문제의 본질로 바로 넘어갈 수 있습니다.

시간이 생겨나기 '전에' 무엇이 있었는지 묻는 역설은 일단 받아들인다 치고, 장차 모든 공간이 생겨날 '장소 아닌 장소'에 우리가 있다고 상상해봅시다. 우리는 공기가 있어야 숨을 쉬고 빛이 있어야 볼 수 있는 물질적 존재지만, 그래도 아직 물질이나 에너지의 흔적조차 없는 그곳에 우리가 이미 있다고 가정해보는 것이죠. 우리가 그곳에서 만물의 탄생을 돕고 직접 목격하기 위해 기다리고 있다고 상상해봅시다.

자, 우리 앞에는 진공이라는 매우 독특한 물리 시스템

이 펼쳐져 있습니다. 사실 이 시스템은 오해의 소지가 있는 이름과는 달리, 텅 비어 있지 않습니다. 물리법칙에 따라 엄청난 속도로 나타났다 사라지는 가상 입자로 채워져 있으며, 0을 중심으로 끊임없이 변동하는 에너지 장으로 가득 차 있습니다. 진공이라는 이 거대한 은행에서는 누구나 에너지를 빌릴 수 있으며, 빚이 많을수록 더 짧은 삶을 살게 됩니다.

물질적 우주는 이러한 시스템, 이러한 극심한 변동에서 발생할 수 있는 것입니다. 사실상은 여전히 진공에 불과하지만 그래도 놀라운 변모를 겪은 우주 말입니다.

팽창하는 거대한 우주

현대 망원경이 나오기 전에 과거 최고의 과학자들이 만들어냈던 순진한 이미지들을 생각해보면, 오늘날 우리는 웃음이 납니다.

'유니버스'라는 단어는 '하나'라는 뜻의 라틴어 어근인 '우누스unus'와 '회전하다'라는 뜻의 '베르테레vertere'의 과거분사 '베르수스versus'로 이루어져 있습니다. 우리는 이 단어를 '세상만물'의 동의어로 사용하지만, 문자 그대로의 의미는 '모두 같은 방향으로 회전하는 것'입니다. 그래서 이 단어에는 모든 것이 안정적이고 질서 있게 회전하는 물체들의 체계와 관련되어 있다는 고대 신념의 잔재가 남아 있습니다. 이러한 고정관념은 아리스토텔레스와 프톨레마이오스의 고대적 발상과 코페르니쿠스와 케플러의 근대적 모형을 하나로 묶어줍니다.

개념적으로 보자면, 지구 중심의 우주와 태양 중심의 우주는 완전히 다릅니다. 거의 2,000년 동안 전 세계의 학자들은 달, 태양, 행성, 항성을 품은 경이로운 동심구의 운동에 대해 끝없이 계산하고 논쟁을 벌였습니다. 그러다 갑자기 이 세계관이 무너졌습니다.

창조의 중심에서 지구를 제외한 것은 사소한 일이 아니었습니다. 17세기 사회에 그것은 엄청난 문화적, 철학적, 종교적 충격을 가져왔습니다. 다시는 예전과 같을 수 없게 되었습니다. 하지만 유혈 사태를 낳을 정도로 서로 화해할 수 없을 것 같은 그 두 시스템도, 어느 정도 거리를 두고 보면 유사한 구조가 발견됩니다. 두 시스템 모두 불변하는 정지된 우주, 즉 조화롭고 영구적인 회전을 보장하는 완벽한 기계를 묘사하고 있는 것입니다. '태양과 못 별들을 움직이는 사랑'(단테,《신곡》천국편 제33곡)이든, 갈릴레이와 뉴턴의 중력이든, 우주를 작동하게 하는 실체는 변하지 않습니다.

우주는 영원불변하고 완벽하여 태초부터 동일하다는 고정관념은 거의 우리 시대까지 이어져 내려왔습니다. 놀랍게도 20세기 초 상대론적 우주론이 처음 공식화되었을 때에도 이러한 고정관념이 발견됩니다.

1917년 알버트 아인슈타인은 일반상대성이론의 결과를 발전시키면서 균질하고 정적이면서 공간적으로 구부러진 우주를 가정했습니다. 질량과 에너지는 시공간을 뒤틀어 한 점으로 붕괴시키기는 경향이 있지만, 양수값의 항을 방정식에 추가하면 이 수축 경향이 보정되어 시스템은 평형을 유지할 수 있죠. 현대 우주론의 시작은 이 조작으로 시작됩니다. 중력뿐이라면 피할 수 없을 우주의 파국적 종말을 피하기 위해 임의로 항을 만들어낸 것이었습니다. 수천 년 동안 통용되어온 우주의 안정성과 지속성이라는 고정관념을 유지하기 위해, 아인슈타인은 모든 것을 바깥쪽으로 밀어내는 일종의 진공 에너지인 '우주 상수'를 무리하게 도입하여, 중력을 상쇄하고 전체의 안정성을 보장하려 했던 것입니다.

오늘날 우리는 우주가 수천억 개의 은하로 이루어져 있다는 사실을 알고 있습니다. 지금의 눈으로 보면, 1920년대 초만 해도 당시의 과학자들이, 특히 역사상 가장 뛰어난 과학자들조차도 우리 은하가 우주의 전부라고 생각했다는 사실은 놀랍습니다. 우리 은하에 속하는 천체들의 느린 동심원 운동은 우주가 고정되고 조화로우며 질서 정연한 시스템이라는 생각을 갖게 해줄 수 있었습니다. 곧 새로운 관측에 의해 이 모든 것이 의문시될 테지만, 그전에 벨기에의 한 젊은 과학자의 뛰어난 직관에 의해 오래된 개념과의 급진적 단절이 예기됩니다.

1927년, 33세의 가톨릭 사제인 조르주 르메트르Georges Lemaître는 케임브리지에서 천문학을 전공하고 매사추세츠 공과대학에서 박사 학위를 취득하는 과정에 있었습니다. 이 젊은 과학자는 아인슈타인의 방정식이 동적 우주를 기술할 수 있다는 사실을 최초로 깨달았습니다. 즉, 우주가 질량은 일정하지만 시간에 따라 반지름이 커지며 팽창하는 시스템일 수 있다는 것입니다. 그가 이 아이디어를 더 권위 있는 동료 연장자에게 제시했을 때, 아인슈타인은 몹시 부정적인 반응을 보였습니다.

"자네의 계산은 정확하지만 물리학은 끔찍하네."

수천 년 동안 우주를 정적 체계로 생각해온 편견은 너무도 뿌리 깊어, 당시 가장 유연하고 상상력이 풍부한 정신의 소유자조차도 우주가 팽창할 수 있다는 생각을, 따라서 만물의 시작이 있다는 생각을 거부했던 것입니다.

이 놀랍도록 참신한 생각이 과학자들 사이에서 자리 잡기까지는 수년간의 토론과 치열한 논쟁이 필요했고, 대중적인 지식이 되기까지는 훨씬 더 오랜 시간이 걸렸습니다.

르메트르가 제시한 성공의 열쇠는, 자신의 새로운 이론을 제안하는 논문에서 외부은하 성운의 시선속도 측정을 언급하는 것이었습니다.

당시 천문학자들은 먼지나 가스 덩어리와 함께 뭉쳐진 별들의 무리라고 생각된, 구름처럼 보이는 이상한 물체에 관심을 기울이고 있었습니다. 오늘날 우리는 그것들이 실제로 각각 수십억 개의 별을 포함하는 은하라는 것을 알고 있지만, 당시의 망원경으로는 자세한 사실들을 식별할 수 없었죠.

별이나 어떤 발광체가 얼마나 빨리 움직이는지 계산하기 위해 천문학자들은 오랫동안 '도플러효과'를 이용하는 법을 알고 있었습니다. 구급차 사이렌의 음파에서 알아낼 수 있는 것과 같은 현상이 광파에도 적용되죠. 음원이 멀어지면 우리가 수신하는 파동의 주파수도 낮아집니다. 사이렌 소리가 낮아지죠. 마찬가지로 광원이 멀어지면, 가시광선의 색이 빨간색 쪽으로 이동합니다. 다양한 천체에서 방출되는 빛의 주파수 스펙트럼을 분석하면, 각 천체별로 이 '적색 편이'를 측정할 수 있으며, 이로부터 천체가 우리에게서 멀어져가는 속도를 계산할 수 있습니다.

그러나 이러한 천체들이 얼마나 멀리 떨어져 있는지를 측정하는 것은, 그래서 그것들이 우리 은하 내에 있는지 여부를 파악하는 것은 쉽지 않았습니다.

그 해결책을 찾은 사람은 에드윈 허블이었습니다. 그는 당시 세계에서 가장 강력한 망원경을 갖춘 캘리포니아의 마운트 윌슨 천문대에서 일하던 젊은 천문학자였습니다.

허블이 사용한 기술은 다양한 밝기의 맥동하는 별인 세페이드Cepheid를 이용하는 것이었습니다. 허블은 미국 최초의 천문학자 중 한 명인 젊은 과학자 헨리에타 스완 리비트Henrietta Swan Leavitt가 사망한 지 불과 몇 년 후에 작업을 시작했습니다. 그녀는 이 연구 분야에 엄청난 공헌을 했지만 종종 그렇듯 마땅한 인정을 받지 못했습니다. 사실 20세기 초에 여성이 망원경을 사용하는 것은 상상도 할 수 없는 일로 여겨졌으며, 매우 드물게 젊은 여성 과학자들이 보조 활동에 종사할 뿐이었습니다. 리비트는 완전히 부차적이고 급여도 적은 '인간 컴퓨터'의 역할을 맡았습니다. 그녀의 임무는 망원경으로 촬영한 이미지가 담긴 수천 장의 사진판을 하나하나 검사하고 별과 천체의 특징을 기록하는 것이었습니다. 특히 별의 겉보기 밝기를 측정하고 목록으로 만드는 작업을 부여받았습니다.

이 젊은 천문학자는 당시 우리 은하의 일부로 여겨지던 성운인 소마젤란 은하NGC 292에 속하는 다양한 밝기의 별을 집중적으로 연구했습니다. 리비트는 예리한 관찰을 통해 가장 밝은 별은 또한 가장 긴 맥동 주기를 가진 별이라는 사실을 알아냈습니다. 일단 이 상관관계가 확립되면 별의 절대 밝기를 추정할 수 있고, 이를 통해 별의 거리를 측정할 수 있죠. 물체의 밝기는 관찰자로부터의 거리의 역제곱에 따라 달라지므로, 절대 밝기를 알면 겉보기 밝기만 측정하면 거리를 계산할 수 있습니다.

리비트는 소마젤란 은하의 세페이드 변광성의 밝기와

주기 사이의 관계를 측정하고, 별들이 대체로 같은 거리에 있다고 가정한 후, 사진판에 기록된 겉보기 밝기로부터 고유 밝기의 척도를 만들 수 있었습니다.

한 젊은 천문학자의 놀라운 직관 덕분에 '표준 촉광', 즉 알려진 강도의 광원을 사용하여 거리의 절대적인 척도를 얻을 수 있었습니다.

허블이 한 일도 그러한 것이었습니다. 그는 안드로메다 성운의 세페이드를 이용하여 이 천체가 우리 은하에 속하기에는 너무 멀리 떨어져 있다는 결론에 도달했습니다.

르메트르는 허블이 안드로메다 성운을 우리 은하 바깥에 위치시켰을 뿐만 아니라 놀라운 속도로 멀어지고 있음을 알아낸 최초의 관측에 대해 알게 됩니다. 팽창하는 우주에 대한 르메트르의 이론은, 이 우주가 이전에 생각했던 것보다 엄청나게 더 거대한 시스템이라는 생각을 받아들인다면, 이러한 새로운 관측을 설명할 수 있게 해줍니다. 우주는 우리 은하와 비슷한 무수한 은하를 포함하고, 모든 것이 다른 모든 것으로부터 멀어지고 있는, 거대한 구조인 것이죠.

수천 년 동안 지구를 우주의 중심에 두었다가 지구가

태양 주위를 도는 수많은 행성 중 하나일 뿐이라는 사실을 마지못해 받아들인 후, 이제 마지막 환상이 갑자기 무너집니다. 태양계와 우리가 사랑하는 은하수는 특별한 장소가 아니게 된 것이죠. 우리는 온 우주를 채우고 있는 수많은 은하 중 하나일 뿐인 평범한 은하계의 미미한 구성 요소에 불과합니다. 그것으로도 모자란 듯, 전체 시스템은 시간이 지남에 따라 변화합니다. 모든 물질적 대상과 마찬가지로 거기에는 시작이 있었고 아마 끝도 있을 것입니다.

빅뱅

허블의 측정으로 확인된 르메트르의 직관은 새로운 세계관의 토대가 됩니다. 사제이자 천문학자였던 르메트르는 프랑스어로 쓴 그의 원래 논문에서 천체의 거리와 후퇴 속도 사이의 엄격한 비례 관계를 예측하기까지 했습니다. 팽창하는 우주라는 그의 생각이 옳다면, 더 멀리 떨어져 있는 은하들은 더 빠른 속도로 우리에게서 멀어져야 하고 결과적으로 더 큰 '적색 편이'를 보일 것입니다. 그리고 이것이 바로 관측 목록이 점점 더 풍부해지면서 허블이 얻은 결과였습니다. 그러나 르메트르의 직관은 오랫동안 무시당했습니다. 그가 논문을 발표한 벨기에 저널의 발행 부수가 많지 않았기 때문입니다. 그래서 최근까지 과학계에서는 이 상관관계를 '허블의 법칙'이라고 불렀죠. 그러나 끈질긴 과학사 복원 작업 덕분에 벨기에 과학자의 공헌은 마침내 인정받게 되었습니다. 거의 100년이 걸렸지만 우주의 동적 특성을 확립할 수 있게 한 이 관계는 오늘날 적절하게도 '허블-르메트르 법칙'이라고 불립니다.

1930년대 초, 방대한 양의 실험적 관측 자료를 앞에 두고서 아인슈타인도 결국 처음의 회의론을 포기했습니다. 전해지는 바에 따르면, 이 위대한 과학자는 벨기에 신부와 미국 천문학자가 옳았다는 사실을 마지못해 인정하면서 "우주 상수는 내 인생에서 가장 큰 실수였다"며 더 일찍 깨닫지 못한 것을 후회했다고 합니다.

임시 보정을 도입할 필요가 없어졌기 때문에, 수십 년 동안 우주론의 기본 방정식에서 우주 상수는 사실상 사라졌습니다. 아이러니하게도 20세기 후반 암흑 에너지의 발견으로, 그 창시자를 괴롭혔던 이 용어가 다시 도입되면서 상황은 역전될 테지만요.

우주의 팽창이 실제로 가속될 수 있다는 가설을 최초로 제기한 사람도 르메트르였습니다. 놀랍지 않게도, 그는 아인슈타인의 우주 상수를 아주 작은 값이긴 하지만 방정식에 남겨 두었습니다. 르메트르는 우주의 탄생을 100억 년에서 200억 년 전에 '원시 원자'라고 부르는 초기 상태로부터 시작된 과정으로 설명했습니다. 르메트르의 가설은 당시 가장 진보된 과학 이론을 만물이 일종의 우주 알에서 비롯되었다는 수많은 신화적 이야기에 더 가깝게 만들었지만, 이는 이후 수십 년 동안 엄청난 결실을 맺게 될 소우주와 대우주 사이의 연결을 최초로 확립한 것이기도 했습니다.

이 새로운 이론은 공식화될 때부터 많은 당혹감을 불러일으켰습니다. 당시 세계 여론은 다른 문제들로 바빴습니다. 1929년의 대공황, 유럽에서 파시즘과 나치즘의 출현, 전 세계가 또 다른 세계 전쟁으로 치닫고 있다는 많은 징후가 있었습니다. 그러나 새로운 우주론적 가설에 대한 회의론은 과학계에서도 매우 강했습니다. 당시의 저명한 과학자들 중 상당수는 시공간의 '시작'이나 우주의 '탄생'이라는 생각을 받아들이기를 거부했습니다.

그것은 성서의 창세기 및 많은 종교에서 주장하는 창조론과 너무나 닮아 보였기 때문입니다. 더구나 이 새로운 이론을 처음 지지한 사람은 과학자일 뿐만 아니라 사제였고, 그것도 로마 가톨릭 사제였으니 말입니다.

영원한 우주, 창조되지 않은 영구적인 정적 상태의 우주라는 생각은 아리스토텔레스가 처음 주창한 이래 여전히 많은 과학자들을 매료시켰습니다. 이들 중 가장 잘 알려진 과학자 중 한 명인 영국의 천문학자 프레드 호일 Fred Hoyle은 르메트르가 제안한 이론이 터무니없다고 여겨 2001년 사망할 때까지 자신의 생각을 고수했습니다. 1949년 BBC 라디오 방송에서 경멸적인 의도로 '빅뱅 이론'이라는 표현을 처음 사용한 사람이 바로 호일이었습니다. 아이러니하게도 호일이 이 새로운 우주론을 조롱하기 위해 동원했던 대폭발의 이미지는 결국 집단적 상상력에 깊이 침투하여 그 성공에 크게 기여했습니다.

이 이론에 대한 가장 끈질긴 반대의 거점 중 하나는 소비에트 과학이었습니다. 수십 년 동안 소련 과학자들은 빅뱅을 창조론의 한 형태를 이론화한 관념론적 사이비 과학으로 낙인찍었습니다. 르메트르가 항상 과학과 신앙의 영역을 잘 분리해왔다는 사실은 그들에게 중요한 것이 아니었습니다. 1951년 교황 비오 12세가 과학자들이 묘사한 빅뱅이 성서에 기록된 창조의 순간과 닮았다고 말하고 싶은 유혹을 뿌리칠 수 없었을 때, 르메트르 자신은 몹시 경악할 정도였는데 말이죠. 교황은 신앙의 이성적 근거를 강화하기 위해 창조론에 대한 일종의 과학적 검증을 제공하여 선전하려 했지만 르메트르는 이에 강력히 반대했습니다.

빅뱅 이론의 결정적인 성공을 가져온 것은 실험 결과였습니다. 새로운 우주론적 가설의 이론적 발전 중에는 우주 전체에 퍼져 있는 배경 복사에 대한 1950년대의 예측이 있었습니다. 즉 광자가 물질에서 분리되던 순간의 잔재인 화석 파동에 대한 예측입니다. 시공간의 팽창에 의해 수십억 년에 걸쳐 파장이 길어진 매우 약한 전자기파가 성간 빈 공간에 몇 도의 켈빈온도를 부여했으리라는 것입니다.

이 놀라운 발견은 1964년 미국의 천문학자 아노 펜지어스Arno Penzias 와 로버트 윌슨Robert Wilson에 의해 거의 우연히 이루어졌습니다. 두 사람은 전파 천문학적 관측에 사용할 안테나를 수리하기 위해 몇 주 동안 고군분투했지만, 모든 방향에서 동시에 오는 것 같은 성가신 신호를 제거할 수가 없었습니다. 처음에는 연구실 근처에서 송출되는 라디오 방송국에 의해 발생한 간섭이라고 짐작했습니다. 그다음에는 인근 뉴욕의 다양한 활동들과 관련된 전자기 교란일 수 있다고 생각했습니다. 이후 안테나에 둥지를 튼 비둘기 한 쌍이 장비의 일부를 (통상적으로 비둘기 똥이라고 불리는) 흰색 유전체誘電體 물질로 덮은 것과도 아무런 관련이 없다는 것을 확인한 후, 그들은 조사를 중단하고 짧은 편지로 결과를 발표했습니다. 모든 방향에서 방출되는 우주 마이크로파 배경 복사(CMB)를 발견하고 우주의 온도가 몇 켈빈, 즉 약 섭씨 영하 270도 정도라는 사실을 관측함으로써 빅뱅 이론은 이제 논란의 여지가 없는 성공을 거두게 되었습니다. 펜지어스와 윌슨은 모든 재앙의 어머니, 원초적 사건, 모든 것이 138억 년 전에 시작되었다는 증거인 빅뱅의 메아리를 기록한 것이었습니다.

진공에서 탄생한 우주

사실 빅뱅이라는 용어가 큰 성공을 거두어 일상적으로

사용되고 TV 프로그램에서 아동 만화에 이르기까지 온 갖 곳에서 빅뱅 이야기가 등장할 때에도 과학자들 사이 에서는 여전히 의구심이 돌고 있었습니다.

CMB의 더욱 정확한 측정이 이루어지면서 점점 더 설득력 있는 퍼즐 조각이 추가되고 있었지만, 대답해야 할 한 가지 근본적인 질문이 남아 있었습니다. 요컨대 전 통적인 빅뱅 이론에는 거대한 문제가 숨어 있었던 것입 니다. 우주가 엄청난 양의 에너지와 질량이 집중된 지점 에서 탄생하여 격렬하게 팽창하는 극도로 조밀하고 뜨 거운 시스템이었다고 한다면, 어떤 물리적 현상 때문에 이 모든 것이 그 지점에 집중될 수 있었을까? 이 질문은 이탈로 칼비노Italo Calvino가 《우주만화Le cosmicomiche》의 단편 〈모든 것이 한 점에Tutto in un punto〉에서 농담처럼 넌지시 말한 것과 어떤 면에서는 같은 질문입니다. "우리 모두가 들어 있었던 한 점에서, 우리 각자의 각 지점은 다른 이들 각각의 각 지점과 일치했다." 그 몇 년 전 호르 헤 루이스 보르헤스가 썼던 〈알레프〉도 비슷한 생각에서 영감을 받은 아름다운 작품입니다. 이 단편은 히브리어 알파벳의 첫 글자에서 제목을 따온 것으로, 그것은 다른 모든 수를 포함하는 원초적 수를 나타내기도 하는데, 우주 전체를 볼 수 있는 작고 신비로운 구체에 대한 이야기입니다.

요컨대, 이제 정착된 이론의 표면의 아래에는 엄청난 질문이 숨어 있었던 것입니다. 어떤 메커니즘이 이 예외적인 상태를, 즉 물리학자들이 '특이점'이라고 부르는 무한한 밀도와 곡률을 가진 무차원의 점을 만들 수 있는 것일까?

적어도 원칙적으로는, 간단하면서도 본질적으로 우아한 해결책이 있을 것 같았습니다. 팽창을 기술하는 것과 동일한 방정식을 그 반대 과정을 설명하는 데 사용하는 것이죠. 즉 엄청난 내파 또는 빅 크런치(대함몰)로 필연적으로 이어지는 불가항력의 수축을 설명하는 데 사용할 수 있다는 것입니다.

특정 조건 하에서 우주의 팽창은 물질과 에너지에 작용하는 중력에 의해 느려지고, 이는 팽창이 완전히 상쇄되고 뒤이어 수축 단계가 시작될 때까지 계속될 수 있습니다. 그러한 경우 은하들은 느리지만 가차 없이 은하단 내부로 응축되고, 우주의 모든 구석에서 물질의 밀도와 평균 온도가 상승할 것입니다. 그리하여 모든 것이 결국 블랙홀, 방사선 및 이온화된 물질의 엄청난 농도로 이어져 점점 더 작은 영역으로 파국적으로 붕괴되어 사실상 점과 같이 될 것입니다. 그리고 이 특이점에서 또 다른 빅뱅이 일어나 새로운 우주가 탄생할 것입니다. 그 점은 팽창과 수축 사건들의 무한한 연쇄의 연결고리인 것이죠. 수백억 년의 시간 주기로 다양한 멜로디를 만들어내는 거대한 아코디언의 압착과도 같습니다.

시작도 끝도 없는 삶과 죽음, 재생의 순환을 물질적 우주로 확장하는 이 가설은 많은 동양 철학에서 공통적으로 발견되는 어떤 개념을 떠올리게 합니다. 우주 자체가, 생명체를 무수한 환생 속에 가두는 존재의 수레바퀴인 윤회의 시배를 받게 될 것입니다. 이 대칭적이고 우아한 해결책은, '누가 전 우주를 특이점에 집중시켰는가'라는 질문에 답하면서 에너지 보존의 위반을 가볍게 해결할 수 있는 장점이 있는 것처럼 보입니다.

이 탈출구는 수십 년 동안 열려 있었지만, 천문학자와 천체 물리학자들이 은하가 멀어지는 속도와 우주 배경 복사를 더 정밀하게 측정할 수 있게 되고 정밀 우주론 precision cosmology 이 탄생하면서 일관성을 잃어버렸습니다.

별이 우리가 상상하는 것보다 훨씬 더 풍부하고 명료

한 언어로 자신의 이야기를 들려준다는 사실은 이미 오래전부터 알려져 있었습니다. 이윽고 가장 강력한 광학 망원경에, 가장 깊은 우주를 향한 거대한 접시가, 즉 미지의 별이나 먼 은하에서 방출되는 전파 신호를 듣기 위한 거대한 귀가 더해졌습니다. 전파 천문학이 탄생한 것이죠. 이로써 우리는 특징적인 전파 신호를 내보내는 신비로운 천체들을 발견할 수 있었고 이에 펄서나 퀘이사와 같은 이국적인 이름을 붙이게 되었습니다. 일부 현상의 배후에는 물질의 새로운 응집 상태가 있다는 것을 이해하려면 수십 년의 연구가 필요할 것입니다. 가령 거대한 천체의 중심부에서 포효하는 중력의 힘 때문에 물질이 극도로 미세한 성분으로 부서져 엄청난 밀도의 중성자별이나 블랙홀이 만들어지는 것과 같은 일 말입니다.

우주가 수십 미터의 전파에서 가장 강력한 감마선의 원자 이하의 크기에 이르기까지 온갖 파장의 광자로 가득 차 있다는 증거는 과학자들을 자극해, 점점 더 정교한 장치를 만들어 지상이나 지구 궤도에 설치해 전자기파의 전체 스펙트럼을 기록할 수 있도록 했습니다. 점점 더 정확한 우주 지도와 모든 주파수의 무수한 방사원에 대한 정밀한 지도가 만들어졌습니다. 이 엄청난 양의 데이터 덕분에 우주 전체를 하나의 물리적 시스템으로 연구할 수 있게 되었고 그러한 경우의 전형적인 질문에 대한 답을 줄 수 있게 되었습니다. 우주의 총 에너지는 얼마인가? 그리고 그 충격량, 각운동량, 총 전하량은 얼마인가?

데이터가 점점 더 정확해지고 측정의 오차가 줄어들면서 나타난 그림에서는 매우 놀라운 측면이 드러납니다. 데이터는 우주의 팽창이 멈추지 않을 것임을 알려줍니다. 팽창이 역행하여 빅 크런치로 돌아갈 것임을 나타내는 데이터는 전혀 없습니다. 우주의 평균 밀도는 중력이 지배적인 힘이 되는 임계값을 넘어서기에 충분하지 않습니다. 따라서 우리는 순환 우주라는 매우 매력적인 아이디어를 포기하고, 최초의 특이점을 설명하는 문제로 돌아가야 합니다.

그러나 그때 전혀 예상치 못하게도 훨씬 더 우아한 또다른 해결책이 등장합니다. 우주가 완전한 균질성과 등방성의 조건에 매우 근접한 것으로 밝혀진 것이죠. 우주 배경복사의 놀라운 균일성은 우주에 눈에 띄는 곡률이 없다는 것을 말해줍니다. 이 복사의 각분포angular distribution는 공간이 유클리드기하학의 법칙을 따른다는 것을 알려줍니다. 즉, 질량과 에너지에 방해받지 않고 우주의 한 영역을 가로지르는 광선은 직선으로 이동하는 것이죠. 이를 곡률이 0인 평평한 우주라고 합니다. 그리고 우주의 질량과 에너지 분포는 본질적으로 공간의 곡률 및 그 기하학적 구조와 관련되어 있기 때문에, 우리는 일반상대성이론에 의해 확립된 법칙에 따라 우리 우주와 같은 평평한 우주는 총 에너지 0인 체계라는 놀라운 결론에 도달할 수 있습니다.

즉, 우주의 질량과 에너지로 인한 양의 에너지와 중력장으로 인한 음의 에너지가 서로 상쇄되는 것입니다. 우주 시스템의 총 에너지를 계산하려면 먼저 우리 은하에 있는 모든 별의 질량을 에너지로 변환하고 그 결과에 천억 개의 은하를 곱해야 합니다. 그런 다음 암흑 에너지와 암흑 물질로 인한 에너지를 더해야 하죠. 이에 대해서는 나중에 더 설명하겠습니다. 끝으로, 우주를 떠도는 모든 형태의 물질과 방사선을, 즉 은하 사이의 가스와 광자, 중성미자, 우주선, 중력파까지도 에너지로 변환해야 합니다. 이 계산의 최종 결과는 분명히 엄청나게 큰 양수가 될 것입니다.

이제 중력장이 총 에너지에 미치는 영향을 고려해야 하는데, 이는 음수가 됩니다. 지구와 태양 사이든 혹은 멀리 떨어진 두 은하 사이 든 두 물체 사이의 인력은 속박 시스템을 형성합니다. 두 물체가 음의 위치 에너지를 가진 시스템에 갇혀 있는 것이죠. 두 구성 요소 중 하나를 풀어주려면 양의 에너지(일반적으로 운동에너지)를 공급해야 합니다. 즉, 두 물체 중 하나가 탈출 속도에 도달할 때까지 가속하여 상대방의 중력에서 영구적으로 벗어날 수 있도록 해야 합니다. 지구에서 태양계 가장자리로 탐사 위성을 발사하려고 할 때 이런 일이 벌어지죠.

중력은 우주의 질량과 에너지의 전체 분포에 작용하기 때문에 속박 상태의 총체에서 얻어지는 음수도 엄청납니다.

이제 남은 것은 엄청나게 큰 두 수 사이의 차이를 측정하는 것입니다. 그리고 그 결과는 정말 놀랍게도 0에 달합니다. 요컨대, 우주 시스템의 총 에너지는 진공 시스템의 총 에너지와 동일한 것입니다.

이것은 우연의 일치일 수 없습니다. 특히 우주의 총 전하, 충격량 및 각운동량에서도 비슷한 일이 일어나기 때문입니다. 모두 엄격히 0에 달합니다. 요약하면, 우주는 제로 에너지, 제로 충격량, 제로 각운동량, 제로 전하를 가집니다. 이 모든 특성은 우주와 진공이 매우 흡사하게 보이게 합니다. 이 지점에서 과학자들은 두 손을 듭니다.

"오리처럼 보이고, 오리처럼 걷고, 오리처럼 꽥꽥거린다면, 우리에게 그것은 오리다."

요컨대, 지금까지 수집된 가장 정교하고 포괄적인 관측 데이터는 우주 기원의 신비가 가장 단순한 가설에 숨겨져 있음을 일관되게 말해줍니다. 그리고 무엇보다도 빅뱅 가설을 흔드는 것처럼 보였던 의문을 일거에 해결합니다. 총 에너지가 0인 우주에서는 엄청난 양의 물질과 에너지를 초기 특이점에 집중시키는 이상한 메커니즘이 필요하지 않습니다. 그때에 제로 에너지가 있었고 우리가 우주라고 부르는 시스템 역시 총 에너지가 0이기 때문입니다. 이 이론의 초기 주창자 중 한 사람인 물리학자이자 우주론인인 앨런 구스Alan Guth는 이를 양자 진공이 제공하는 엄청난 '공짜 점심'의 가장 멋진 예라고 말합니다.

우주 전체가 진공에서 비롯되었다는 것, 또는 더 잘 표현하자면 우주는 여전히 변형을 겪은 진공 상태라는 것은, 현대 우주론에서 가장 설득력 있는 가설로 보입니다. 혹은 적어도 지금까지 수집된 무수한 관찰 결과와 가장 일치하는 가설로 보입니다.

진공은 '무無'인가

그렇다면 진공이란 무엇일까요? 많은 사람들이 진공을 무와 동일시합니다. 그러나 이는 완전히 오해입니다. 무는 하나의 철학적 개념이자 추상적 개념이며, 존재의 단적인 반대 개념입니다. 파르메니데스Parmenides가 이를 가장 잘 정의했죠.

"존재는 있고 있지 않을 수 없으며, 비존재는 있지 않을 수밖에 없다."

공허로서의 무는 바닥 없는 구덩이에 떨어지는 흔한 악몽과 같은 원초적 두려움을 떠올리게 합니다. 공허는 텅 빈 영혼, 공허한 말 등 무가치함의 동의어입니다. 진공과 무의 개념을 연관시키는 일은 서구 문화에 속한 사람들에게는 진공에서 생겨난 우주라는 우주론과 무에서 세계를 창조했다는 유대-기독교적 창조론 사이의 불가피한 유사성에서 비롯된 것이기도 합니다. 잠시 후에 살펴보겠지만, 이 둘은 실제로 거의 정반대의 개념입니다. 물리적 시스템으로서의 진공은 어떤 면에서는 무의 반대입니다.

반면에 진공의 개념은 제로의 개념과 접점이 많습니

다. '제로'라는 용어는 서양에서 1202년 처음 등장한 라틴어 제피룸zephirum에서 유래했습니다. 위대한 수학자 레오나르도 피보나치는 한 저서에서 0 또는 비어 있음을 의미하는 아랍어 시프르sifr를 이런 식으로 라틴어로 번역했습니다만, 라틴어의 울림에서는 그리스신화에서 봄을 알리는 부드러운 바람인 제피로스Zephyros를 연상시킵니다.

아랍어에서 0을 나타내는 말에 담긴 원래 의미는 인도에서 온 것으로, 인도인들은 이를 '순야sunya'라고 불렀습니다. '공空의 교리'를 뜻하는 '순야타Śūnyatā'에서도 같은 어근을 찾을 수 있는데, 이는 티베트 불교의 근본 개념으로 모든 물질은 사실 자신의 독립적인 존재를 갖지 않는다는 교리입니다.

0-공 개념을 처음 도입한 것은 인도인들이었습니다. 이 표현은 서기 458년 한 산스크리트어 문헌에서 처음 등장합니다. 그 제목은 로카비바가Lokavibhāga로 그 문자적 의미는 '우주의 부분들'입니다. 우주론에 관한 저작이라는 점이 흥미롭습니다. 마치 처음부터 진공의 개념과 우주의 탄생 사이의 연관성을 확립하려는 듯이 말이죠.

인도의 우주론과 창조 신화에서 공허가 차지하는 역

할을 고려할 때 이것은 놀라운 일이 아닙니다. 시바는 우주의 창조자이자 동시에 파괴자인 신입니다. 그가 춤을 추면 온 땅이 떨리고 온 우주가 무너져 내리며 신성한 리듬에 따라 불타오릅니다. 모든 것이 녹아내려 빈두bindu로, 즉 시공 바깥의 형이상학적인 지점으로 집중됩니다. 많은 힌두교 여성들이 이마에 붙이고 있는 빨간 점도 이것을 상징하죠. 그러고 나면 이제 그 점 자체도 천천히 녹아서 모든 것이 우주적 공허 속으로 사라집니다. 시바신이 새로운 우주를 창조하기로 결심하고 다시 춤을 추기 시작하면 주기가 다시 시작됩니다. 다시금 신성한 리듬은 공허를 점점 더 크게 신농시키고 이는 결국 경련하듯 부풀어 오르며, 생성 소멸의 무한한 순환 속에서 새로운 우주를 탄생시킵니다.

인도인들이 공의 개념에 익숙하다는 것을 두고 생각하면, 왜 바빌로니아 사람들이 이미 채택한 수 체계에서 영감을 받아 처음으로 0에 완전한 수의 속성을 부여하는 영광이 인도인에게 돌아가게 되었는지를 이해할 수 있습니다.

이것은 0과 무한이 논리를 거스르고 기존 질서를 위협하는 끔찍한 개념이라고 여겼던 그리스인들과는 대조됩니다. 완전함의 이상인 파르메니데스적 존재는 구체로 표현되었는데, 이는 공간과 시간에서 항상 자신과 동일하며 무엇보다도 유한한 것이었습니다. 그리스인에게 유한은 완전함과 동의어인 반면, 0이라는 개념은 그 자체로 혐오스러운 것이었습니다. 어떻게 '아무것도 아닌 것'이 '무언가'가 될 수 있단 말인가? 0이 원초적인 혼돈을 불러일으킨 것은 우연이 아닙니다. 0은 다른 숫자와 곱했을 때 그 값을 늘리는 대신 그것을 소멸시키고 심연으로 끌어들이는 숫자입니다. 0으로 나누려고 할 때도 상황은 나아지지 않죠. 여기서도 논리적 부조리가, 즉 한없이 무한한 무형의 큼이 만들어집니다. 공허와 마찬가지로, 0과 불가분의 관계에 있는 무한도 그리스인들에게는 똑같이 끔찍했습니다. 논리를 거스르고 철학자들을 심란하게 하는 이 개념들은 부적절하고 심지어 위험한 것으로 간주되었습니다. 공황을 불러일으키고 사회적 불안을 유발할 수도 있는 것으로 여겨졌습니다.

이런 이유로 서양에서는 0에 대해 일종의 금기가 만들어졌고, 이 금기는 진공으로도 확장되었습니다. 진공에서 우주가 탄생할 수 있는 메커니즘을 이해하기 위해서는, 여전히 우리의 사고방식을 제약하고 있는 이러한 편견에서 벗어날 필요가 있습니다.

우리가 말하는 진공은 철학적 개념이 아니라 물질과 에너지가 0인 특정한 '물질적' 체계입니다. 그것은 제로 에너지 상태이지만 다른 모든 물리계와 마찬가지로 조사, 측정, 특성화할 수 있는 물리계입니다.

여러 해에 걸쳐 물리학자들은 진공에 대한 수많은 실험을 수행했습니다. 진공 상태가 기본 입자에 어떤 영향을 미치는지 자세히 이해하기 위해, 정교한 실험 장비를 사용하여 기이한 특성을 연구합니다. 신기술로 이어질 수 있는 새로운 현상을 진공에서 발견할 수 있을 것이라고 상상하는 사람들도 있죠.

모든 물리계와 마찬가지로, 미시적 규모에서 시스템의 작동을 지배하는 불확정성 원리는 진공에서도 적용됩니다. 진공 상태를 포함하여 주어진 시스템의 에너지와 시간은 동시에 정확하게 측정할 수 없습니다. 불확실성의 곱이 특정 최솟값 아래로 떨어질 수 없는 것이죠. 진공의 에너지가 0이라는 말은 매우 많은 수의 측정을 수행하면 그 결과의 평균값이 0이 된다는 것을 의미합니다. 개별 측정값은 평균값이 0인 통계 곡선을 따라 분포된 0이 아닌 양수나 음수의 변동값을 나타냅니다. 불확정성 원리에 따르면 측정이 이루어지는 시간 간격이 짧을수록 에너지의 변동이 커지죠.

실제로 이 특성은 측정 중에 발생하는 시스템의 섭동과는 아무런 관련이 없으며, 미시적 수준에서 물질의 행동과 관련된 더 깊은 문제입니다. 진공 상태는 이론적으로 무한대인 매우 긴 시간 척도에서 관찰할 때는 엄밀히 말해 에너지가 0입니다. 그러나 매우 짧은 시간 동안에는 여느 사물처럼 변동하며 에너지 수준이 0과 상당히 다른 상태를 포함해 가능한 모든 상태를 통과합니다. 요컨대, 불확정성 원리는 진공 상태에서 미세한 에너지 거품이 일시적으로 형성되는 것을 허용합니다. 금세 사라지기는 하지만, 관련된 에너지가 낮을수록 비정상적인 거품은 더 오래 지속됩니다.

따라서 진공의 작동을 미시적 수준에서 상상할 때 지루하고 정적이며 항상 동일한 어떤 것으로 생각해서는 안 됩니다. 반대로 진공 기포의 미세한 조직은 무수히 많은 미시적 요동으로 들끓고 있습니다. 더 많은 에너지를 포함하는 것은 곧 소멸되지만 빌려온 에너지가 0이라면 영원히 지속될 수도 있습니다.

물질과 반물질의 존재를 고려하면 상황은 더욱 복잡

해집니다. 진공에서 양자 요동은 입자/반입자 쌍의 자발적 생성의 형태를 취할 수 있습니다. 따라서 진공은 물질과 반물질의 무궁무진한 저장고로 볼 수 있습니다. 불확정성 원리로 인한 불확실성을 이용하여 진공에서 전자를 추출할 수 있죠. 바로 제자리에 되돌려놓으면 아무도 눈치 채지 못합니다. 재빠르기만 하면 됩니다. 이 작업은 전자와 양전자를 함께 추출하는 것과 같습니다. 전하보존법칙은 예외를 인정하지 않고 에너지보존법칙보다 훨씬 더 엄격하기 때문이죠. 전자 하나만 추출할 수는 없습니다. 그렇게 되면 양전하를 띤 상태로 남게 될 전체 진공 상태의 특성이 바뀔 것이기 때문입니다. 시스템의 총전하가 평형을 유지하도록 항상 양전자도 함께 추출해야 합니다. 요컨대, 진공에서 같은 양의 물질과 반물질을 추출하기만 하면 진공은 항의하지 않습니다. 그러나 입자/반입자 쌍의 에너지 문제는 남아 있습니다. 쌍의 질량이 낮을수록 가용 자유 시간이 더 커집니다. 쉬는 시간이 끝나면 불확정성 원리가 종을 울리고 두 '학생'은 규율에 따라 교실로 돌아갑니다.

이 메커니즘은 추상적으로 적용되는 물리학 원리가 아니라, 입자가속기에서 날마다 일어나는 물질적인 과정입니다. 충돌하는 빔의 에너지로 진공을 때리면 새로운 입자가 생성되고 충돌 에너지가 높을수록 입자의 질량이 커집니다. 이런 식으로 많은 양의 입자를 진공에서 추출할 수 있으며, 핵의학에서 마커로 사용되는 방사성 동위원소부터 대형 강입자 충돌기에서 생성되는 힉스 입자에 이르기까지 다양한 용도로 사용됩니다.

진공은 역동적이고 끊임없이 변화하는 물질이며, 잠재력이 가득하고, 반대되는 것들을 잉태하고 살아 있는 존재입니다. 진공은 무가 아닙니다. 오히려 물질과 반물질이 무제한으로 넘쳐나는 체계입니다. 어떤 면에서 그것은 인도 수학자들이 생각했던 수 0과 정말 닮았습니다. 0은 수가 아니기는커녕, 양수들과 음수들의 무한집합을 포함하며, 반대 부호의 대칭적인 제로섬 쌍으로 구성되어 있습니다. 더 나아가자면, 위상이 반대인 모든 소리가 중첩할 때 서로 상쇄되어 정적이 생겨나거나, 광파의 파괴적인 간섭으로 인해 어둠이 생겨나는 것으로도 비유할 수 있습니다.

모든 것이 진공의 양자 요동에서 비롯될 수 있다는 가설은, 우리 우주에서 중력장으로 인한 음의 에너지가 질량과 관련된 양의 에너지와 정확히 상쇄된다는 점을 생각할 때 자연스럽게 떠올릴 수 있습니다. 그러한 특성을 가진 우주는 단순한 요동에 의해 생겨날 수 있으며, 양자역학의 법칙은 그것이 영원할 수 있음을 말해줍니다. 에너지 0의 우주는 전통적인 빅뱅 이론의 중요한 변형으로서, 초기 특이점의 존재를 불필요하게 만듭니다.

진공과 혼돈

어떤 면에서 21세기의 과학은 헤시오도스가 《신들의 계보》에서 만물의 기원을 요약해서 이야기한 웅장하고 인상적인 한 구절로 우리를 데려갑니다.

"태초에 혼돈이 먼저 있었다."

혼돈을 무질서와 분화되지 않은 덩어리로 생각하는 가장 일반적이고 널리 퍼진 해석을 사용하지 않는다면, 이 진술은 과학적 설명과 완벽하게 일치합니다. 우리는 그리스어 '카이노chaino (쩍 벌어지다)', '카스코chasko (입을 쩍 벌리다)' 또는 '카스마chasma (깊은 틈)'의 메아리에서 단어의 원래 의미를 복원해야 합니다. 그래서 카오스는 크게 벌어진 검은 협곡, 바닥 없는 심연, 시커먼 소용돌이, 무엇이든 삼키고 담을 수 있는 거대한 공허가 됩니다.

카오스의 이러한 원래 의미는 오랫동안 사용되었습니다. 이 단어가 무질서 개념과 연관된 것은 훨씬 후, 아낙사고라스Anaxagoras와 플라톤에 의해 이루어졌습니다. 이들에게 카오스는 더 높은 원리에 의해 정리되어야 할 무형의 물질을 담은 그릇이 됩니다. 그 거칠고 조잡한 물질에 형태를 부여하여 코스모스, 즉 만물을 규제하고 지배하는 조직적이고 완벽한 시스템을 만드는 것은 정신 또는 데미우르고스Demiourgos입니다. 이러한 아이디어는 그 이후로 수천 년 동안 지속되었습니다.

그러나 진공으로 이해되는 원래의 카오스는 결코 무질서하지 않습니다. 진공보다 더 엄격하게 질서 있고 규제되고 대칭적인 시스템은 없습니다. 그 안의 모든 것은 엄격하게 규칙화되어 있고, 모든 물질 입자는 상응하는 반입자와 함께 움직이며, 모든 요동은 불확정성 원리의 제약을 충실히 준수하고, 모든 것이 잘 조절된 리듬에 맞춰 즉흥이나 기교 없이 완벽한 안무에 따라 움직입니다.

그러나 어떻게 해서 이 완벽한 메커니즘이 중단되고 이상한 무언가가 갑자기 튀어나와 무대 중앙을 차지한 다음, 시공간 팽창과 그것을 휘게 하는 질량과 에너지를 생성하는 과정을 갑자기 촉발합니다.

　모든 것을 지배하던 극단적인 질서는 순식간에 산산이 부서지고, 양자 요동은 우리가 우주 급팽창이라고 부르는 과정에 의해 불균등하게 부풀어 오릅니다. 물질 입자의 정체를 비롯한 현상의 많은 세부 사항들은 아직 밝혀지지 않았습니다. 순전히 무작위적인 메커니즘에 의해 진공에서 생겨난 급팽창은 우리가 다음 장에서 보게 될 멋진 사라반드 춤을 일으켰습니다.

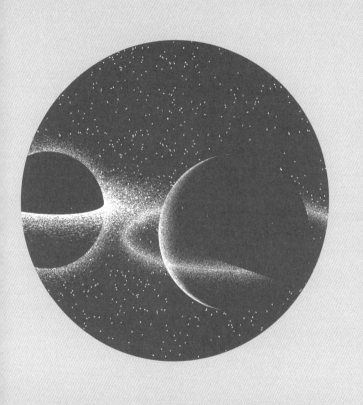

터져 나오는 숨결이
첫 번째 경이로움을 낳다

THE
STORY
OF
HOW
EVERYTHING
BEGAN

GENESIS

모든 것이 순식간에 이루어집니다. 방금 전까지만 해도 주변의 다른 것들과 마찬가지로 부글거리며 끓어오르던 그 미시적 구조는 우리에게 전혀 중요하지 않은 것처럼 보입니다.

주위를 둘러보면 아주 얇은 거품이 보이는 듯합니다. 거품을 구성하는 무수히 많은 미세한 요동은 신화 속의 원초적인 액체 '아프로스aphros'를 떠올리게 합니다. 그리스어로 거품을 뜻하는 이 단어는, 우라노스의 피와 정액에서 태어난 아프로디테의 이름이 됩니다. 우라노스의 아들 크로노스는 어머니 가이아의 원수를 갚기 위해 낫으로 아버지의 남근을 잘라 바다에 던져 키프로스의 잔잔한 바다를 끓어오르게 하는 기적적인 사건을 일으켰습니다.

양자 거품에서는 사랑과 미의 여신보다 훨씬 놀라운 것이 탄생합니다. 바로 온 우주입니다. 그러나 아직 아무도 앞으로 무슨 일이 일어날지 상상할 수 없습니다. 양자 거품이 형성된 순간부터 불과 10^{-35}초밖에 지나지 않았습니다. 상상조차 할 수 없는 아주 짧은 시간이죠. 우리 모두는 이 작은 거품이 여느 때와 마찬가지로 질서정연하게 다시 제자리로 돌아올 것이라고 기대합니다.

하지만 주체할 수 없는 숨결의 개입으로 그 거품은 과도하게 커집니다. 불확정성 원리의 엄격한 의식에 따라 차분하게 질서 있게 요동치던 극미한 물체가, 갑자기 발작적으로 부풀어 오르기 시작합니다. 그 압도적인 광란은 주변의 진공을 집어삼켜 동일한 메커니즘 속으로 끌어들입니다. 모든 것이 너무도 빨라서 무슨 일이 일어났는지 정확히 보려면 초고속 카메라가 필요할 정도입니다. 그러나 어떤 장비도 그러한 급속한 변화의 세부를 포착할 정도로 빠르게 촬영할 수 없습니다.

그런 다음 갑자기 모든 것이 진정되고, 이제 자신의 고유한 생명을 가진 듯이 보이는 이상한 것이, 비록 엄청나게 줄어든 속도이지만, 계속 확장됩니다.

이렇게 해서 우리는 우리의 우주가 탄생하는 것을 목격했습니다. 첫째 날이 끝났고, 다음 138억 년 동안 진화하는 데 필요한 모든 것을 이미 갖춘 우주가 탄생했습니다. 그러나 불과 10^{-32}초가 지났을 뿐입니다.

이리하여 우주는 진공의 작은 요동으로 시작되어, 팽창하면서 이상한 물질로 채워져 불균등하게 부풀어 오릅니다.

현대 우주론을 뒤흔든 이론을 최초로 제안한 사람은 MIT에서 박사 학위를 받고 서른두 살의 나이에 미국의 명문 대학에서 일자리를 찾고 있던 젊은 물리학자 앨런 구스Alan Guth였습니다. 그는 미국 최고 명문 대학 중 하나인 코넬대학교에서 세미나를 진행하도록 초청을 받았고, 1979년 그곳에서 혁명적인 아이디어를 발표했습니다.

지금까지 본 바와 같이, 전통적인 빅뱅 이론은 관측을 통해 광범위하게 확인되기는 했지만, 해결되지 않은 문제가 너무 많았습니다.

골치 아픈 첫 번째 문제는 모든 것이 시작된 '특이점'의 기원이었습니다. 빅 크런치는 배제되었기 때문에, 어떤 메커니즘에 의해 특이점이 형성될 수 있었는지 이해할 수가 없었습니다. 1980년대에는 우주에 거대한 내파를 촉발할 수 있는 임계 밀도를 초과할 만큼 물질이 충분치 않다고 알고 있었습니다. 따라서 은하들이 멀어지는 것은 중력으로 인해 서서히 감속되겠지만, 파국적인 중력 붕괴를 일으키지는 않을 것으로 생각했습니다. 요컨대, 빅뱅이 어떻게 일어났는지에 대한 설명이 남아 있었습니다.

순전히 무작위적인 메커니즘에 의해 생성될 수 있는 미미한 크기의 물체에서 춤을 추게 하는 힘은 중력의 끌어당기는 힘입니다. 빅뱅을 시작하기 위해서는 매우 강한 밀어내는 힘인 '반중력'이 필요합니다. 이는 아인슈타인이 우주를 안정적으로 만들기 위해 방정식에 도입한 우주 상수와 비슷하지만 훨씬 더 강력한 힘입니다.

일반적인 물질, 질량 및 에너지는 진공에서 음의 에너지를 생성합니다. 그로부터 모든 것을 뭉개려는 경향이 있는 양의 압력이 생깁니다. 반면에 완전히 새로운 물질이 작용하여 양의 에너지를 생성하면, 그 결과로 생겨나는 압력은 음의 값이 됩니다. 즉, 바깥쪽으로 밀어내어 팽창시키는 경향이 생깁니다.

또 다른 수수께끼는 관측 가능한 우주의 놀라운 균질성과 관련이 있습니다. 우리 주변의 모든 곳에는 온갖 형태의 은하가 있습니다. 일부는 평온하고 고요하고, 다른 일부는 초신성, 중성자별 및 블랙홀의 격렬한 활동에 시달리고 있습니다. 그러나 이것들이 아무리 놀랍게 보일지라도 우주의 풍경은 상당히 반복적입니다. 요컨대, 넓은 지역을 관측할 때 우주를 채우는 물체들은 가장 먼 구석까지도 매우 유사합니다.

이 사실은 쿠알라룸푸르나 시드니와 같은 다른 대륙의 공항에 내릴 때 방향감각이 상실된 것 같은 느낌을 떠올리게 합니다. 로마나 파리에서 출발할 때 보았던 것과 같은 상점가를 거닐고 있는 것 같죠. 똑같은 옷, 똑같은 여행 가방, 휴대폰, 카메라 등이 상점에 진열되어 있기 때문입니다.

그러나 이러한 현상에 대해서는 세계화된 세계의 거대한 유통망과 관련이 있다는 분명한 설명이 있습니다. 그러나 천체 관측에서 볼 수 있는 놀라운 균질성 뒤에 숨은 메커니즘에 대해서는 1990년대까지만 해도 전혀 알지 못했습니다.

점점 더 강력한 망원경이 사용되고 최근까지 접근할 수 없었던 우주의 영역을 조사할 수 있게 되면서, 이미 본 것과 닮은 은하, 방금 목록화한 것과 쌍둥이처럼 보이는 은하단 등 이미 알려진 것과 매우 유사한 것들이 계속 발견되었기 때문에 수수께끼는 더욱 깊어지는 것 같았습니다.

더욱 놀라운 것은 우주배경복사에서 측정된 온도의 균일성이었습니다. 측정기가 어디를 향하든 결과는 항상 동일했습니다. 절대영도를 살짝 넘는 2.72K였습니다.

어느 은하계의 한 태양계에 있는 작은 행성의 과학자들이 주변에서 무슨 일이 일어나고 있는지 살펴보기로 결정했을 순간, 어떻게 수십억 광년 떨어져 있는 우주의 가장 먼 곳의 온도가 정확히 같은 온도로 일치할 수 있었을까요? 관측되고 있는 우주 영역 사이의 거리가 너무 멀어서, 이 현상을 설명할 수 있는 메커니즘을 추측할 수 없었습니다.

답을 찾기 위해 구스는 원시 거품이 팽창하는 동안 그 작은 부피가 만약 우주 상수 가설과 유사한 양陽의 진공 에너지로 채워져 있었다면 어떤 일이 일어났을지 상상하려고 했습니다. 가장 유망한 후보로 보였던 것은, 당시 기본 입자 질량의 기원을 설명하기 위해 많은 논의가 이루어지고 있던 입자인 힉스 보손이었습니다.

힉스 입자는 스핀이 0인 중성 스칼라 입자입니다. 즉 다른 모든 기본 입자와 달리 스스로 회전하지 않습니다.

실제로 힉스 장은 진공에 양의 에너지를 주지만, 부피가 빠르게 팽창하면 에너지 밀도는 그만큼 빠르게 떨어지고 추진력을 제공할 수 없게 됩니다. 급격히 증가하는 부피에서 일정한 밀도를 유지하려면 총 에너지가 그만큼 증가해야 하는데 이는 에너지보존법칙에 위배되기 때문입니다.

그러나 이 급격한 하락 중에 어떤 장애물이 있다면? 어떤 이유에서인지 영점 퍼텐셜, 즉 진공 상태를 향한 질주가 잠시 멈춘다면 어떻게 될까요?

이 질문에 대한 구스의 대답은 우주의 기원을 바라보는 방식을 다시 한번 바꾸어놓았습니다.

멈출 수 없는 팽창

이 메커니즘은 진공에 양의 퍼텐셜 에너지를 부여하는 스칼라장을 예측하고, 진화하는 과정에서 가짜 진공 상태, 즉 0이 아닌 일정한 퍼텐셜 값을 갖는 함몰 상태로 1초도 안 되는 순간 동안 정지합니다.

초보 스키어가 완만한 슬로프를 천천히 내려가다가

분지나 깊은 골에 빠져 멈춰야 한다고 상상해봅시다. 잠시 동안 그는 골에 갇히게 될 것입니다. 거기서 나오기 위해서는 스키 폴로 밀어야 할 것입니다. 나가려다가 넘어져 능선에 오르기 전에 다시 시작해야 할 수도 있습니다. 그러나 다음 작은 오르막을 이겨내고 나면 다시 하강을 시작하고 골짜기 바닥에 빠르게 도달할 수 있습니다.

스칼라장이 스키어처럼 행동하면, 즉 골에 잠시라도 머무르면 극도로 격렬한 현상이 유발됩니다. 양의 진공에너지로 인해 거품은 부피를 증가시키는 압력을 받습니다. 장이 골에 갇혀 있으면 에너지 밀도는 일정하게 유지되고, 부피가 증가함에 따라 그 안에 축적된 양의 에너지가 증가하고, 결국 팽창을 향한 추진력도 더욱 증가합니다.

팽창 운동은 공간 속으로 에너지를 주입합니다. 거품이 커질수록 팽창을 향한 압력은 더 커집니다. 이것은 기하급수적인 성장의 전형적인 역학이며, 이 경우에는 매우 설득력 있는 설명이 가능합니다. 과도한 에너지 덕분에 거품은 진공에서 다른 스칼라 입자를 추출하여 부피를 채우고, 이는 다시 추진력을 더욱 증가시킵니다.

골에 갇힌 장은 물질이나 에너지와 같은 양의 압력이

아니라 아인슈타인이 우주 상수로 도입한 진공 에너지처럼 음의 압력을 가하는 물질로 공간을 채웁니다.

이 위대한 과학자는 질량과 에너지가 제공하는 인력을 상쇄하기 위해 상대적으로 약한 반발력만 필요했고, 그 힘은 진공 에너지를 일정하게 유지했습니다. 장은 유리관 속의 잠든 백설공주처럼 영원히 결정화된 상태로 머물러 있었습니다.

반면 구스가 가정한 원시장은 강력한 역동성을 가지고 있습니다. 동화에서 왕자의 입맞춤이 아름다운 여인의 잠을 방해하지만 아주 잠깐 동안만 그럴 뿐 놀라운 마법을 일으키는 것처럼 말이죠. 아주 짧은 순간 동안 장을 가짜 진공에 가두는 이 은밀한 각성은, 시간에 따라 크게 변하는 반발력을 생성합니다. 장이 갇혀 있는 동안에는 그 힘이 엄청나지만, 가짜 진공 상태에서 벗어나는 즉시 급격히 떨어집니다. 우주의 기원에서 맹렬한 팽창을 일으키는 앨런 구스의 반중력은 우주 상수보다 100배나 더 큽니다. 모든 것을 엄청난 속도로 팽창시킨 것은 바로 이 놀라운 음의 압력입니다. 여기서 빅뱅이 시작된 것입니다.

아주 짧은 시간에 상상할 수 없는 일이 일어납니다. 양성자보다 수십억 배나 작은 이 물체는 로시니Gioacchino Rossini의 가장 격렬한 크레센도조차도 지워버릴 정도로 빠른 속도로 기하급수적인 성장을 거듭합니다. 순식간에 거시적인 물체가 됩니다. 이 폭발적인 단계를 지나왔을 때, 그것은 대략 축구공 크기이며 앞으로 수십억 년 동안 진화하는 데 필요한 모든 물질과 에너지를 이미 포함하고 있습니다. 엄청나게 짧은 시간 동안, 이 미미한 물체는 빛의 속도보다 훨씬 빠른 속도로 팽창해 수십 배나 커졌습니다.

빛의 속도보다 빠른 것은 없다는 상대성이론에 의해 부과된 한계는 공간 내에서 무언가가 움직일 때 적용됩니다. 진공에서 팽창하거나 더 정확하게는 진공이 공간으로 변하는 경우에는 이러한 제약이 적용되지 않죠. 미래를 향해 돌진하는 신생 우주에는 속도제한이 없는 것입니다.

우주를 생성한 것과 유사한 다른 양자 요동들이 우주를 갇혀 있던 구멍에서 벗어나게 하여 다시 궤도에 올려놓고 순식간에 진짜 진공 상태로 떨어지게 만듭니다. 0시부터 10^{-23}초밖에 지나지 않았습니다. 그러나 모든 것이 바뀌었습니다.

이 단계가 끝나자마자, 장이 최소 퍼텐셜 에너지의 구멍에서 잔잔하게 진동하는 동안, 그러한 폭발적인 변형을 겪은 물체에 축적된 에너지는 엄청난 양의 물질/반물질로 변형됩니다. 짝을 지닌 수많은 입자 쌍들이 진공에서 추출되어 서로 상호작용하면서 장의 나머지와도 상호작용하고, 이 일은 전체가 열평형 상태에 도달할 때까지 계속됩니다.

새로 태어난 우주는 비록 작은 부피에 집중되어 있지만, 현재의 모든 물질과 에너지를 포함하고 있습니다. 밀도와 온도는 극도로 높고 팽창의 두 번째 단계가 시작됩니다. 이는 빠르기는 하지만 방금 전 단계보다는 훨씬 덜 광적인 속도로 진행됩니다.

앨런 구스는 아이올로스가 오디세우스에게 주었던 소 가죽 부대를 열었습니다. 그 부대 속에서 나온 폭풍은 오디세우스가 이타카로 돌아가지 못하게 했죠. 오디세우스의 동료들처럼 구스는 그 가죽 부대를 묶었던 가느다란 은색 끈을 풀었습니다. 더없이 강력한 바람이 빠져나와 지옥의 힘이 방출되었습니다.

구스는 이 새로운 현상에 이름을 붙이기 위해 부풀어오른다는 뜻의 라틴어 '인플라레inflare'에서 파생된 '우주적 인플레이션'이라는 용어를 사용했는데, 인플레이션은 이미 경제학에서 급격한 물가 상승을 설명하는 데 사용되던 용어였죠.

경제학에서 더 잘 알려진 이 표현은 급격한 인플레이션의 충격적인 경험 때문에 부정적인 의미를 띱니다. 제1차세계대전 이후 독일의 극적인 상황을 생각하면 됩니다. 물가는 누구도 막을 수 없는 소용돌이처럼 계속해서 상승했습니다. 노동자들은 임금을 받자마자 시장으로 달려가 살 수 있는 한 모든 물건을 사들였습니다. 다음 날이면 같은 돈으로 절반밖에 살 수 없을 테고 일주일이 지나지 않아 그 돈은 휴지 조각이 될 것이기 때문이었죠.

똑같이 지옥 같은 메커니즘에 갇힌 판매자들은 빠르게 증가하는 비용에 맞추어 계속해서 상품 가격을 조정했습니다. 1923년 1월에는 빵 1kg을 사는 데 250마르크가 필요했습니다. 12월에는 4,000억 마르크까지 천문학적으로 가격이 올랐습니다. 기하급수적 성장의 부조리였죠.

급팽창 이론의 성공

우주가 급팽창 단계를 거쳤다는 가설은 과학자들 사이에서 여전히 열띤 논쟁의 대상이지만, 상당수의 학자들은 그것이 현재 가장 설득력 있는 설명이라고 생각하고 있습니다.

이 이론을 뒷받침하는 강력한 근거 중 하나는 우주론적 원리입니다. 즉 거시적 규모에서 보이는 우주의 극도의 균질성을 자연스럽게 설명할 수 있다는 점입니다.

언뜻 보기에 이것은 매우 직관에 반하는 것처럼 보일수 있습니다. 하늘을 올려다보면 태양, 달, 행성, 별을 볼수 있고, 매우 다양한 구조가 우주를 채우고 있다는 인상을 받게 되니까요. 그러나 사실 이것은 우리가 매우 제한된 관점과 먼 거리를 볼 수 없는 시력을 가지고 있기 때문에 갖게 된 편견일 뿐입니다.

그러나 우리가 가장 현대적인 탐사 도구를 사용하고 시야를 넓혀 우주 전체를 아우른다면 이러한 '국지적' 차이는 사소한 것이 됩니다. 최근의 실험에서 20만 개의 은하를 분류한 결과, 수억 광년의 범위 내에서 우리가 만나는 구조들은 거의 동일할 정도로 항상 매우 유사하다는 결론이 나왔습니다. 요컨대, 우리 우주는 국지적 굴곡이 놀랍도록 다양하지만 큰 규모로 볼 때에는 지루하다고는 할 수 없더라도 상당히 단조롭습니다.

온도 분포를 살펴보면 균질성은 더욱 두드러집니다. 1970년대 이후로 인공위성에 장비를 탑재하여 우주 배경 복사를 자세히 연구하려는 계획이 수립되었습니다. 지구 대기로 인한 교란에서 벗어나 훨씬 더 정밀한 측정을 하고 무엇보다도 모든 파장에서 측정을 수행할 수 있으리라 전망했습니다. 그러나 우주 급팽창 이론의 예측을 확인할 수 있는 첫 번째 결과를 얻기까지는 20년이 더 걸렸습니다.

우주의 균질성과 등방성은 정말 인상적입니다. 온도 분포는 이론이 예측한 것에 완벽히 들어맞았습니다. 우주는 어느 먼 과거에 가열을 멈추고 그 이후로 점차 팽창하면서 균일하게 냉각된 거대한 전자레인지처럼 작동하는 것이었습니다. 극도로 정밀하게 측정했을 때 수십억 광년 떨어져 있는 지역들은 절대온도 2.72548K로 정확히 동일합니다. 배경 복사는 등방적입니다. 즉, 모든 방향에서 동일하며 그 편차는 10만분의 1밖에 안 됩니다.

어떤 메커니즘으로 그토록 멀리 떨어진 지역 간에 에

너지가 교환되어 모든 것이 이렇게 균일하게 가열될 수 있었을까요?

그것은 빛 덕분일 수는 없습니다. 빛이 나타났을 때 우주는 이미 그 폭이 약 1억 광년이나 될 정도로 거대했기 때문입니다. 빛이 온도 차이를 보정하기에는 거리가 너무 멀었죠. 그리고 그 무렵에는 이미 우주의 가장 먼 지역도 수백만 광년 떨어진 곳에서 정확히 같은 온도를 유지하고 있었습니다.

우주 급팽창만이 어떻게 이런 일이 일어날 수 있었는지 이해할 수 있게 해줍니다. 다른 메커니즘도 제안되었지만, 그럴 법하지 않았습니다.

급팽창이 일어나기 전 양자역학의 제약을 받고 있던 작은 거품 속에서는 모든 부분이 서로 닿아 있었습니다. 칼비노의 《코스미코미케》에 나오는 점처럼 말이죠. 정보를 교환할 수 있었기 때문에 모두 같은 속성을 지녔고, 특히 온도가 같았습니다. 급팽창은 우주적 규모에서 이러한 동질성을 전파하여 그것을 우주의 일반적인 속성이 되게 합니다. 이 과정에서 원시 거품 내의 극미한 양자 요동도 과도하게 확대됩니다. 그것은 공간을 팽창시킴으로써 작은 요동을 증폭시키고, 이는 은하단의 크기에 도달할 때까지 계속됩니다.

우주적 수준으로 확장된 이 작은 에너지 파문은 모든 것을 감싸는 미세한 그물이 되고, 그 매듭은 새로운 물질의 집합체를 생성하는 씨앗의 역할을 할 것입니다. 이러한 밀도 변화는 암흑 물질의 조직을 두껍게 만들고, 가스와 먼지를 끌어당겨 최초의 별을 탄생시키고 최초의 은하가 형성되게 할 것입니다.

우주의 항성 거리와 양자역학의 극소 세계 사이, 엄격하게 결정된 동시에 혼란스러운 이 작열하는 관계에서, 물질 구조가 탄생하여 역동성과 아름다움을 낳습니다. 요동이 없는 세계에서는 별도 은하도 행성도 생겨나지 않았을 것입니다. 완벽한 우주에서는 봄바람도 미소 짓는 소녀도 존재하지 않았을 것입니다. 우리 모두는 급팽창의 후손, 양자 거품이 우주적 차원이 되도록 한 이 파격의 후손인 것입니다.

인공위성에 탑재된 가장 정교한 장비가 등방성 분포가 급팽창 모델에서 예측한 것과 정확히 일치한다는 것을 입증하면, 새로운 이론에 대해 가장 확고한 비판자들조차도 그 예측력을 인정해야 할 것입니다.

그러나 새로운 의심을 불러일으켜 모든 것이 카드로

만든 집처럼 무너질 위험이 있는 큰 불일치가 남아 있었습니다. 사실 급팽창은 국소 곡률이 0인, 즉 평평한 우주를 필연적으로 함의했습니다. 시공간의 곡률은 밀도, 즉 물질과 에너지 함량에 따라 달라집니다. 밀도가 임계밀도와 정확히 같은 경우 우주는 평평하고, 국소 곡률은 평평한 표면과 같이 0이며, 이는 팽창이 무한정 계속된다는 것을 의미합니다. 밀도가 더 높은 경우 우주는 닫혀 있고, 국소 곡률은 구처럼 양수이며, 팽창은 줄어들고 빅뱅은 역전되어 빅 크런치가 됩니다. 밀도가 더 낮을 경우 국소 곡률은 말 안장처럼 음수이며 이 경우에도 팽창이 무한정 계속됩니다.

만약 급팽창이 실제로 일어났다면 우주는 평평할 수밖에 없습니다. 초기의 미세한 거품의 크기는 첫 순간의 급격한 팽창으로 인해 늘어져 평평해졌을 것이며, 곡률이 정확히 0인 원시우주만이 수십억 년 후에도 평평하게 유지될 수 있을 것입니다. 이런 조건에서 초기 편차가 있었다면 이후의 팽창에 의해 극도로 확대되었을 것입니다.

즉, 우주의 국소 곡률이나 우주의 물질과 에너지 밀도를 측정함으로써 급팽창 이론에 대해 검증을 할 수 있는 것입니다. 그런데 바로 여기서 문제가 발생했습니다.

우주배경복사에서 다시금 시공간의 국소 곡률을 얻을 수 있습니다. 최초의 통계적 요동의 후손인, 하늘의 한 지역과 다른 지역 사이에 10만분의 1도밖에 차이 나지 않는 온도의 불균일성의 각지름angular diameter을 측정하는 것으로 충분합니다. 그리고 여기서 실험 데이터는 초팽창에 대한 예측과 완벽하게 들어맞아, 우주가 평평하다는 것을 알려주었습니다. 그러나 이 결과는 1990년대 초까지 받아들여지던 우주의 에너지 밀도 측정과 상충되었습니다. 이전까지는 우주가 열려 있다고, 즉 안장 곡률을 가지고 있다고 보았습니다.

이 불일치는 몇 년 동안 급팽창 이론의 약점으로 남아 있었고 많은 비판자들의 반대를 불러일으켰습니다. 급팽창 이론은 우주의 밀도가 임계밀도와 같다는 것을 필연적으로 의미하기 때문에 포기되어야 했습니다. 반면 1990년대 중반까지의 가장 정확한 관측에 따르면, 임계밀도는 그 3분의 1에도 미치지 못하는 것으로 나타났습니다.

그런데 1998년 암흑 에너지가 발견되면서 이 주장은 뒤집혔습니다. 가장 먼 은하의 후퇴속도가 시간이 지남에 따라 증가하는 것이 관찰됨으로써, 우주 전체 질량의

3분의 2를 차지하는 새로운 형태의 에너지가 모든 공간에 스며들어 있다는 생각이 받아들여지게 되었습니다. 이제 밀도값이 임계값에 도달하면서 우주의 기하학적 구조가 평평한 이유가 이해되었고, 이 모든 것이 급팽창 가설의 타당성을 더욱 확인시켜주었습니다.

스모킹 건을 찾아서

이론의 성공과 수많은 실험적 확인에도 불구하고 급팽창 가설에 강력하게 반대하는 소수의 열렬한 비판자 그룹이 여전히 존재합니다.

이는 정상적인 과정입니다. 과학적 방법의 전형적인 일이죠. 모든 것을 비판적으로 대하고, 항상 의심하고, 약점을 찾고, 대안적 가설을 평가하는 것은 과학자의 직업윤리이니까요.

그리고 무엇보다 회의론자들이 지적하기 쉬운 결정석인 문제가 여전히 존재하고 있음을 인정해야 합니다. 궁극적으로 급팽창은 불안정한 퍼텐셜을 가진 진공에서 나와 팽창을 유발하는 스칼라장에서 발생하지만, 지금까지 아무도 이 장과 관련된 입자인 '인플라톤inflaton'의 명확한 흔적을 발견하지 못했습니다. 그러한 발견이 이루어지는 날에는 아무도 의심하지 못할 것입니다. 급팽창의 '스모킹 건'을 발견하게 되는 것이죠. 그러나 이 일은 아직 일어나지 않았고 급팽창에 대한 사냥은 계속되고 있습니다.

앨런 구스의 초기 아이디어는 힉스 입자가 모든 것을 촉발하는 방아쇠일 수 있다는 것이었습니다. 당시 이 유령 입자는 그저 가설에 불과했습니다. 다른 많은 이론과 마찬가지로 자의적인 추측으로 판명될 수도 있는 이론의 핵심 요소였죠. 게다가 힉스 입자의 질량이나 기타 관련 특성에 대한 정확한 값을 예측하지 못했습니다. 힉스 입자가 급팽창을 일으키는 역할을 했기 때문에 급팽창이 어떻게 시작될 수 있는지 설명하기는 쉬웠지만, 급팽창을 멈추는 메커니즘을 찾기는 전혀 쉽지 않았습니다.

실제로 구스 자신과 다른 과학자들은 다른 스칼라장들이 동일한 메커니즘을 유발할 수 있는 모델을 곧 개발했습니다. 힉스 입자에 대한 가짜 진공 상태로 가정된 막힌 퍼텐셜의 역할은, 원시 거품이 팽창하는 동안 시간이 지남에 따라 서서히 떨어지는 약한 가변 퍼텐셜이 수행할 수 있을 것 같았습니다. 그리하여 다양한 급팽창 모델들이 개발되었으며, 그 특성은 기본적으로 급팽창에 대한 가정들에 따라 달라지는 것이었습니다.

어떤 이들은 심지어 영구 급팽창 모델을 이론화하기도 했습니다. 스칼라장의 양자 요동이 스칼라장의 아주 작은 부분에서 급팽창을 촉발하고, 이로부터 우주가 탄생하여 진화를 계속하는 동안 그 주변부에서 살아남은 나머지 물질로부터 다른 우주가 발전할 수 있다는 것이었습니다. 이 영구 급팽창은 현대의 다중 우주론에서 가정한 무수한 우주를 생성할 수 있는 메커니즘입니다.

인플레이톤이 발견되어야만, 한편으로는 그 이론이 옳다는 반박할 수 없는 확증이 되고, 다른 한편으로는 제안된 다양한 모델들을 판별할 수 있게 될 것입니다.

거의 50년에 걸친 탐색 끝에 2012년 CERN에서 힉스 입자가 발견되고 질량을 비롯한 모든 특성들이 측정되었을 때, 급팽창 단계에서 힉스 입자가 할 수 있는 역할에 대한 논쟁이 즉시 재개되었습니다.

이 새로운 입자는 최초의 기본 스칼라 입자이며, 일부 우주론자들은 여전히 그것이 인플라톤 자체라고 생각합니다. 다른 사람들은 이에 이의를 제기하며 그러기에는 너무 무겁다고 생각합니다. 따라서 그들은 유사하지만 더 가벼운 입자, LHC에서 충돌로 인해 생성되는 드문 붕괴에서 나타날 수 있는 입자를 찾고 있거나, 전체 우주를 생성하는 최초의 작업을 공유했을 수 있는 다른 스칼라 입자를 찾고 있습니다.

이 점에 대해서는 상반된 의견들이 존재하는데, 해결책은 새로운 실험 연구에서만 나올 것입니다.

앞으로 우주배경복사를 훨씬 더 정밀하게 측정하여 급팽창이 남긴 희미한 흔적을 명확하게 재구성할 수 있을 것으로 기대됩니다. 최근 중력파가 발견됨에 따라, 급팽창의 싱장 농안 일어났던 일을 알 수 있도록 새로운 장비의 감도를 화석 중력파, 미세한 시공간 요동을 식별할 수 있는 수준까지 끌어올릴 수 있을 것으로 기대되고 있습니다.

우리가 LHC로 수행 중인 실험에서 제1 용의자의 몽타주와 일치하는 모든 특징을 가진 새로운 스칼라 입자를 발견하는 놀라운 일이 벌어지지 않는다면 말입니다.

대통일의 신화적인 시대

급팽창은 가장 극적인 장면 중 하나이지만 첫 장면은 아닙니다. 우리는 바로 그 전 아주 짧은 순간에 일어난 일을 아직 설명할 수는 없지만, 중요한 일이 일어났다는 것은 알고 있습니다. 넘을 수 없는 벽이 우리의 이해를 방해하고 있습니다. 우리는 플라톤의 동굴에 갇힌 죄수들처럼 그저 추측만 할 수 있을 뿐입니다.

어릴 적부터 다리와 목이 쇠사슬에 묶여 외부 세계에 대한 경험을 전혀 할 수 없는 죄수들은 벽 너머 동굴 밖에서 무슨 일이 일어나고 있는지 직접적으로 인식할 수 없습니다. 그렇기 때문에 그들은 벽에 드리워진 그림자를 통해 세상의 모습을 나름대로 상상합니다. 과학자들이 급팽창 이전에 어떤 일이 일어났을지 추측하는 일도 비슷합니다. 우리는 그림자를 보고 상상할 뿐이죠.

우리는 입자가속기를 이용하거나 우주에서 일어나는 높은 에너지의 현상들을 조사하여, 우리가 직접 탐사할 수 있는 에너지 규모에서 정확한 측정을 수행합니다. 그런 다음 이러한 결과로부터 우리가 직접 조사할 수 없는 에너지 규모를 추정하고, 우리가 수집한 모든 관측 자료와 일치하는 추측을 전개합니다.

우리가 지금 이야기하고 있는 우주의 초기 단계는 그 기간이 플랑크 시간 10^{-43}초로 매우 짧으며, 그 크기는 10^{-33}cm에 해당할 정도로 작습니다. 이 단계에서 공간은 매끈하지도 비활성적이지도 않으며, 극악의 속도로 나타났다가 사라지는 가상 입자들로 들끓고 있습니다. 그 결과 양자 거품이 마구잡이로 부글거리고, 거칠고 불균일한 공간은 혼란과 동요로 가득 차 있죠. 이러한 규모에서는 양자 거품이 경련을 일으키듯 끊임없이 요동칩니다. 이 영역의 곡률과 위상은 확률적으로만 기술할 수 있습니다.

현재의 어떤 물리 이론도 플랑크 시대에 일어난 일을 정확하게 설명할 수 없기 때문에, 다양한 가설과 다양한 예측이 나왔습니다. 우리의 시야를 가로막는 벽 너머에는 물리학자들이 수십 년 동안 추적해온 양자 중력의 비밀이 숨어 있습니다. 어쩌면 이 작은 영역은 10차원에서 26차원으로 진화하는 작은 '끈'들로 가득 차 있을지도 모르고, 어쩌면 극소의 '루프'로 구성된 불연속적인 구조를 가지고 있을지도 모릅니다. 어쩌면 중력을 양자화하기 위해 자연이 고안한 전략은 지금까지 인간이 이 문제에 쏟은 노력의 범위를 뛰어넘는 것일 수도 있습니다.

지금까지 그 누구도 최초의 순간에 매우 가까운 시간을 들여다보거나 그토록 짧은 거리를 탐색할 수 없었습니다. 다만 그러한 시간 간격에서 나타나는 현상에 대해 합리적인 가설을 세울 수 있을 뿐입니다. 우리는 그것을 '대통일' 시대라고 생각합니다. 기본 힘들은 하나의 장으로 통합됩니다. 하나의 원초적인 '초힘superforce'이 우리의 우주가 될 거품의 작은 부분을 지배합니다.

우리가 살고 있는 전 세계는 세기의 내림차순으로 순위를 매길 수 있는 힘들에 의해 결합되어 있습니다. 가장 먼저 '강력'이라고도 불리는 강한 핵력 또는 강한 상호작용이 있습니다. 쿼크를 함께 묶어 양성자와 중성자를 형성하고 이들을 다양한 원소의 핵으로 조립하는 힘입니다. 핵무기에서 방출되는 에너지나 별을 계속 타오르게 하는 에너지가 바로 여기에서 나오죠.

두 번째는 '약력'이라고도 불리는 약한 핵력입니다. 이 힘은 더 작고 훨씬 덜 두드러집니다. 약력은 핵 이하의 거리에서만 작용하며 중앙 무대를 차지하는 경우는 거의 없습니다. 특정 방사성 붕괴에서 나타나며, 겉보기에는 중요하지 않은 것처럼 보이지만 실제로는 우주 동역학에서 필수적입니다.

그다음으로 전자기력은 원자와 분자를 하나로 묶고 그 법칙에 따라 빛의 전파를 조절합니다. 끝으로 중력은 다른 힘보다 훨씬 더 많이 알려져 있지만 가장 약한 힘입니다. 중력은 질량이나 에너지가 존재할 때마다 작용하며, 우주 전체에 퍼져 태양계의 가장 작은 소행성부터 가장 거대한 은하단까지의 움직임을 조절합니다.

이러한 힘들은 오늘날 우리가 살고 있는 오래되고 차가운 우주에서는 개별적으로 작용하며 강도와 작용 범위도 서로 다릅니다. 그러나 우리가 수많은 실험을 통해 확인한 사실은, 이 모든 것이 에너지 밀도에 따라 달라진다는 것입니다. 에너지 밀도가 증가함에 따라 '강자는 덜 강해지고 약자는 덜 약해진다'는 정의와 평등의 원칙이 수립되는 것처럼 보입니다. 강력은 세기가 감소하고 전자기력도 마찬가지입니다. 반대로 약력의 세기는 증가하여, 세 곡선이 수렴하는 지점을 예측할 수 있을 정도가 됩니다.

중력은 이 모든 것과 다소 동떨어져 있습니다. 중력은 너무 약해서 지금까지 탐구한 에너지 규모에서는 그 세기의 변화를 측정할 수 없지만, 이 단계에서 고려하는 것은 자연스러운 일입니다.

우리는 우주 진화의 이 초기 시대를 플랑크 시대라고 부릅니다. 네 가지 기본 힘을 통합하는 초힘이 지배하는 시기입니다. 마치 인간과 신이 사랑과 질투를 나누며 함께 살아가던 일종의 황금기, 신성한 동맹의 시대로 상상할 수 있을 것 같습니다.

극도로 작고 뜨거운 원시우주에서는 우아하고 완벽한 대칭이 지배하고 있으며, 이 대칭은 모든 것이 식어감에 따라 차례로 무너집니다.

플랑크 시대가 끝나면서 첫 번째 극적인 분리가 일어납니다. 중력이 나머지 힘들로부터 분리되는 것입니다. 곧이어 다음 단계로 강력이 전기-약력에서 분리됩니다.

우리의 역사는 급팽창이 빅뱅을 일으키기 전에 이미 시작되었습니다. 진공의 아주 작은 영역에서 초힘의 장이 여러 단계의 변형을 거치면서 다양한 상호작용들이 서로 분리되어 대칭이 깨집니다. 원시장이 연속적으로 결정화되면서 네 가지 기본 상호작용이 세계를 채우고 모든 것을 갑자기 바꾸어놓습니다.

처음 두 번의 대칭성 파괴에서 일어난 것과 달리, 우리는 약력과 전자기력을 완전히 분리하는 다음 대칭성 파괴에 대해서는 자세한 이야기를 할 수 있을 만한 확실한 데이터를 수집했습니다. 우리는 빅뱅 후 10^{-11}초 후에 일어난 일의 주인공인 힉스 입자를 발견함으로써, 실험실에서 그것을 연구하고 CERN에서 재현할 수 있었습니다. 다음 장에서 이 이야기를 이어가겠습니다.

섬세한 손길이
모든 것을 변화시키다

THE
STORY
OF
HOW
EVERYTHING
BEGAN

GENESIS

급팽창 단계를 막 벗어난 빛나는 우주에는 필요한 물질과 에너지가 이미 모두 들어 있지만, 그 내부를 들여다봐도 우리에게 익숙한 것은 아무것도 없습니다. 우리는 서로 구별할 수 없는 미세한 입자로 이루어진, 일종의 형태 없는 기체를 볼 수 있을 것입니다. 모두 다 질량이 없고 빛의 속도로 날아다닙니다. 전체는 모든 지점과 모든 각도에서 똑같이 완벽히 동질적이고 등방성을 지닌 물체처럼 보입니다. 뭉친 지점도 없고 불균일한 면도 없습니다.

　　그것이 엄청난 속도로 팽창하고 있다는 점을 제외하면, 모든 곳에서 자신과 동일하고 모든 방향에서 대칭적이며 결함이나 불완전함이 전혀 없는 이상적인 표상으로 혼동될 수도 있을 정도입니다. 대칭이 지배하는 균일함과 완벽함의 영역으로 단순함과 우아함을 동시에 지니고 있죠. 불변할 것처럼 보이는 이 조화를 깨뜨리는 놀라운 무언가가 나타나지 않았다면, 이 완벽한 물체에서 아무것도 탄생할 수 없었을 것입니다. 달빛도 꽃향기도 없는, 슬프고 황량한 메마른 우주였을 것이고 그저 엄청난 에너지 낭비에 지나지 않았을 것입니다.

　　이제 그 운명을 결정할 마지막이자 아마도 가장 중요

한 변화가 일어날 순간이 다가오고 있습니다.

급팽창의 희열이 지난 후, 우주는 내부에서 부글부글 끓고 있는 에너지에 힘입어 계속 팽창하고 있습니다. 점점 커짐에 따라 우주는 식어가고, 그 과정에서 우주의 역학을 근본적으로 변화시키는 반응을 촉발합니다.

우리는 빅뱅이 일어난 지 1,000억 분의 1초 후에 이르렀고, 이 순간부터 모든 것이 훨씬 더 명확해집니다. 힉스 보손을 발견하고 그 질량을 측정한 이후로, 이 이야기에 이제 비밀이 거의 없습니다.

갓 태어난 우주는 이미 거대합니다. 10억km라는 상당한 크기에 도달했습니다. 온도가 특정 임계값 이하로 떨어지자 방금 전까지만 해도 자유롭게 돌아다니던 힉스 입자가 갑자기 응결되어 결정화됩니다. 응결 온도가 되자 힉스 입자는 살아남지 못하고 진공이라는 편안한 무덤 속으로 숨어버립니다. 그들을 다시 볼 수 있기까지는 많은 인내가 필요할 것입니다. 지구에 있는 누군가가 고에너지 충돌을 일으켜 그들을 단 1초도 안 되는 순간 동안만이라도 다시 살려낼 때까지 138억 년을 기다려야 할 테니까요.

힉스와 연관된 장은 진공의 속성을 근본적으로 변화

시키는 특정한 값을 얻습니다. 그 속을 통과하는 많은 기본 입자들은 강한 상호작용을 겪으며 속도가 감소하여 질량을 얻게 됩니다. 방해받지 않고 이동하는 다른 입자들은 빛의 속도로 계속 움직일 수 있습니다.

힉스 장에서는 원시우주를 특징 짓던 완벽한 대칭이 무너지고 약한 상호작용이 전자기 상호작용과 완전히 분리됩니다. 일부 입자는 너무 무거워져 불안정해지면서 빠르게 식어가는 우주에서 즉시 사라집니다. 다른 입자들은 질량을 얻지만 가벼움을 유지하며, 이러한 특성은 곧 생겨날 매우 특별한 물질 조직의 기본이 될 것입니다.

새로 등장한 힉스 장은 섬세하게 작용하면서 단순하고 명확한 규칙에 따라 다양성을 구축했습니다. 힉스 장 안에서 서로 얽혀 있는 듯이 남아 있는 기본 입자들은 상호작용의 세기에 따라 서로 달라지며, 그 결과 돌이킬 수 없을 정도로 다른 질량을 가지게 됩니다. 그 섬세한 작용은 마치 플라톤의 《티마이오스》에 나오는 조물주인 데미우르고스가 수를 매개로 하여 무형의 기존 물질을 역동적이고 생명력 있는 것으로 만드는 일과 닮아 있습니다.

모든 것이 이 섬세한 손길에서 탄생하고, 그 손길은 사물을 영원히 변화시켰습니다. 그러나 아직 이르니 너무 앞서가서는 안 됩니다. 이제 막 둘째 날이 끝났고 10^{-11}초밖에 지나지 않았으니까요.

나르키소스의 마법

여기 한 그림이 있습니다. 두 인물을 담고 있는 완벽한 원 앞에 넋을 잃을 수밖에 없습니다. 우아하게 차려입은 소년이 몸을 기울여 물 위에 비친 자신의 모습을 황홀경에 빠져 바라보고 있습니다. 이탈리아의 화가 카라바조 Caravaggio가 나르키소스 신화를 이야기하기 위해 선택한 해결책은 그저 눈부실 따름입니다. 그것은 오비디우스의 《변신이야기》의 가장 유명한 이야기 중 하나입니다. 님프 에코를 거부 한 아름다운 청년이 결코 가질 수 없는 한 사람, 즉 자기 자신과 미친 듯이 사랑에 빠지는 저주를 받습니다. 그래서 청년은 사랑하는 사람을 만지기 위해 물에 비친 자신의 모습을 향해 왼손을 뻗지만 그저 손가락만 젖을 뿐이죠. 그들을 둘러싼 원은 두 인물을 연결하는 반사의 완벽한 대칭을 강조할 따름입니다.

로마의 바르베리니 궁전에 있는 이 유명한 그림은 대

칭을 아름다움의 본질이라고 설명하는 많은 걸작 중 하나입니다.

그리스어에서 유래한 '대칭symmetry'이라는 단어는 문자 그대로의 의미는 '알맞은 척도'를 의미합니다. 이는 고대의 미학적, 철학적 상상력에서 매우 중요한 위치를 차지했던 비례와 조화의 개념을 떠올리게 합니다. 그리스인과 로마인들에게 아름다운 작품이 되기 위해서는 반드시 대칭적이어야 했고, 요소와 크기가 서로 수학적 관계에 있어야 했습니다.

오렌지 속이나 불가사리 팔의 규칙적인 분포를 결정하는 중심 대칭은 고전기Classic Period에 널리 사용되었습니다. 판테온의 돔이나 로마의 보카델라베리타(진실의 입) 광장에 있는 헤라클레스 신전을 생각해보면 됩니다.

전통과의 연결을 유지하면서도, 형태와 도형의 규칙적인 반복, 평행이동과 회전에 의한 변형 등을 포함하는 대칭의 현대적 의미는 더 최근에 획득된 개념입니다. 이러한 새로운 인식은 미켈란젤로의 성베드로대성당 돔 천장이나 이탈리아 건축가 브라만테Donato Bramante의 경이로운 마티리움martyrium(순교자 기념 성당)인 몬토리오의 템피에토 디 산 피에트로와 같은 르네상스의 진정한 보석을 탄생시켰습니다.

대칭의 현대적 개념은 수학적 공식화를 가능하게 해, 많은 과학 분야에 응용되었습니다. 특히 물리학에서 대칭은 단지 관계의 규칙성과 우아함을 의미하는 속성이 아닙니다. 대칭은 새로운 자연법칙을 이끌어낼 수 있게 해준 진정한 탐구 도구입니다. 이 모든 것은 어쩌면 역사상 가장 위대한 수학자라고 할 수도 있을 에미 뇌터Emmy Noether 덕분에 가능한 일이었습니다.

이 독일의 젊은 학자는 대학에서 가르칠 수 있게 되기까지 여러 해 동안 고생을 겪어야 했습니다. 그녀는 무급 조교로 겨우겨우 생활하다가 1918년에 현대 물리학의 판도를 바꿀 관계식을 생각해냅니다. '뇌터 정리'는 물리법칙의 모든 연속적인 대칭에 대응되는 '보존법칙'이 있음을, 즉 불변하는 측정 가능한 물리량이 있음을 확립합니다.

이에 대한 가장 일반적인 예는 고전역학에서 보존 원리를 발생시키는 대칭성입니다. "어떤 시스템이 기준계가 이동해도 변하지 않는 운동 법칙(공간 병진 대칭)을 따른다면, 운동량이 보존된다. 시간축의 평행이동에 대해서도 불변한다면, 에너지가 보존된다. 회전에 대해서도 불변한다면, 각운동량이 보존된다." 등등입니다.

현대 물리학에서는 대칭, 변환, 물리량 보존 사이의 이러한 관계가 일반화됩니다. 변환을 거친 시스템에서 어떤 물리적 특성의 불변성은, 물질에 대한 새로운 개념의 토대가 될 관계를 발견하고 공식화할 수 있게 해줍니다. 그리하여 독특한 이름을 가진 물리량 보존의 원리들이 생겨나고, 이는 '기묘도strangeness♦', '아이소스핀isospin♦♦', '경입자수lepton number♦♦♦' 등 물질의 가장 미세한 구성 성분을 기술하는 데 결정적인 역할을 할 것입니다.

대칭의 개념은 더욱 일반화되어, 연속적 대칭 또는 불연속적 대칭, 국소적 대칭 또는 전역적 대칭, 엄밀한 대칭 또는 근사적 대칭에 대해 이야기하게 될 것입니다. 기본 입자들과 그 장의 역학을 이해하기 위한 기본 도구가 되죠. 에미 뇌터의 공헌이 없었다면 이 모든 것이 불가능했을 것입니다.

이러한 노력의 정점은 기본 입자 표준 모형의 개발이라고 할 수 있습니다. 현재 우리가 가지고 있는 물질에

♦　입자 물리학에서 강입자에 든 기묘 쿼크의 수.
♦♦　입자 물리학에서 강한 상호작용을 나타내는 양자 수.
♦♦♦ 입자 물리학에서 입자에 들어 있는 렙톤의 수와 반렙톤의 수의 차이.

대한 가장 정확한 설명을 담고 있는 기념비적인 성과죠.

이는 현대 물리학에서 가장 성공적인 이론으로서 제한된 수의 구성 요소, 즉 각각 3개의 다른 계열로 구성된 6개의 쿼크와 6개의 렙톤으로 물질을 설명합니다. 이 12개의 물질 입자는 함께 결합하거나 서로 상호작용하면서, 힘을 전달하는 다른 입자를 교환합니다. 전자기상호작용을 전달하는 광자, 강한 상호작용을 전달하는 글루온, 약한 상호작용을 전파하는 벡터 보손 W와 Z 등입니다. 물질 입자인 렙톤과 쿼크는 반정수 스핀(1/2)을 가지며 페르미온 계열을 형성하는 반면, 상호작용을 전달하는 입자는 정수 스핀(1)을 가지며 보손 계열을 형성합니다. 이 제한된 재료 목록으로, 일상생활을 채우는 안정적인 물질과, 가속기나 별의 중심부의 고에너지 과정에서 생성되는 특이하고 일시적인 물질을 포함하여, 우리에게 알려진 모든 형태의 물질을 구성할 수 있습니다.

이 이론은 엄청난 예측력 덕분에 즉시 큰 성공을 거두었습니다. 1960년대에 처음 공식화된 이래로 이 이론은 정기적으로 발견되는 새로운 입자를 예측했고, 측정된 새로운 양을 매우 정밀하게 계산할 수 있게 해주었습니다. 때로는 소수점 이하 열 번째 자리까지 예측과 일치할 정도였습니다.

표준 모형의 초석은 전자기상호작용과 약한 상호작용을 통합하여, 그것들을 '전기-약 상호작용'이라는 하나의 힘의 두 가지 다른 표현이 되게 하는 것입니다.

다시 모든 것이 대칭성에서 비롯됩니다. 그것을 처음으로 감지한 사람은 엔리코 페르미Enrico Fermi였습니다. 그는 30대 초반에 겉보기에 지엽적인 현상(방사성동위원소가 전자를 방출하면서 붕괴하는 현상) 뒤에 새로운 근본적인 힘이 숨겨져 있다는 사실을 처음으로 깨달았습니다. 페르미는 이 새로운 상호작용과 전자기에 강한 형태적 유사성이 존재한다는 가설을 세우고, 이를 이용해 새로운 힘에 대한 기술을 구성하고 그 결합 상수를 계산했습니다.

수년 동안 이 새로운 힘은 '페르미 상호작용'으로 불렸습니다. 나중에 이는 '약한 상호작용'으로 이름이 바뀌게 되지만, 그 힘의 세기를 결정하는 상수의 작은 값 G는 그 발견자를 기리기 위해 여전히 '페르미 상수'라고 불리고 있습니다.

이 젊은 과학자의 혁신적인 아이디어는 30년 후 기본 상호작용의 표준 모형의 기초를 구성하게 될 전자기력과 약력의 통합을 위한 길을 열었습니다.

1865년 제임스 클러크 맥스웰James Clerk Maxwell은 전기현상과 자기 현상을 통합하는 이론의 토대가 되는 방정식을 발표했습니다. 전자기학이 탄생한 것입니다. 한 세기 후, 역사가 반복됩니다. 1960년대 중반 이후 스티븐 와인버그Steven Weinberg, 셸던 글래쇼Sheldon Glashow, 압두스 살람Abdus Salam은 헤라르뒤스 엇호프트Gerardus 't Hooft의 결정적인 기여를 통해 새로운 이론을 공식화할 수 있었습니다. 전자기력과 약력은 동일한 상호작용의 두 가지 다른 발현으로, 앞으로는 '전기-약력'이라고 불리게 됩니다.

1983년 이탈리아의 입사 물리학자 카를로 루비아Carlo Rubbia가 새로운 이론에서 예측한 벡터 보손인 W와 Z를 발견함으로써 표준 모형은 결정적인 승리를 거두게 됩니다.

그러나 성공의 이면에는 깊은 균열이, 즉 이론에 내재된 약점이 숨겨져 있어 지지대를 약화시키고 건물 전체를 무너뜨릴 수도 있습니다.

그 모든 것은 가장 단순한 질문에서 비롯되었습니다. 서로 매우 다른 두 가지 상호작용이 어떻게 동일한 힘의 발현일 수 있는가? 전자기력은 작용 범위가 무한한 반면, 약한 상호작용은 원자핵보다 작은 거리에서만 나타납니다. 물리학의 일반 법칙에 따르면 힘의 작용 범위는 그 힘을 전달하는 입자의 질량에 반비례합니다. 광자는 질량이 0이므로 전자기 상호작용은 엄청난 거리에 도달합니다. 이와는 대조적으로 W와 Z는 양성자 80~90개 정도의 무게로 매우 무거워 작용 범위가 작습니다. 약력은 핵의 내부에서 작용하기 때문에 우리는 최근까지 그 존재를 알아차리지 못했습니다.

하지만 그렇다면 어떻게 질량이 없는 광자가 W와 Z가 수행하는 것과 동일한 전기-약 상호작용을 수행할 수 있을까요? W와 Z를 광자와 구별하는 것은 무엇일까요? 우리가 질량이라고 부르는 것은 정확히 무엇일까요?

깨진 대칭의 아름다움

중세도시 카스텔프랑코 베네토Castelfranco Veneto 는 이탈리아의 숨은 보석 중 하나입니다. 이곳은 성벽 도시의 원래 구조를 그대로 간직하고 있으며, 도시를 방어하는 성 안쪽에서 성장했습니다. 도시 중심에 세워진 성당은 아름다운 신고전주의 양식의 건축물입니다. 대성당과는 전혀 다른 작은 규모의 성당입니다. 그러나 사제관 오른쪽에 있는 코스탄조 예배당에 들어서자마자 깜짝 놀라게 됩니다. 카스텔프랑코 출신 화가인 조르조네Giorgione의 제단화를 마주하게 되기 때문입니다. 그의 생가는 지금도 근처의 작은 광장에서 찾아갈 수 있습니다.

조르조네의 본명은 조르조 바르바렐리Giorgio Barbarelli입니다. 그는 짧은 생애를 살았지만 잊을 수 없는 작품을 세상에 남겼습니다. 조르조네는 1503년 겨우 스물다섯 살에, 투치오 코스탄조Tuzio Costanzo가 의뢰한 제단화를 그리기 시작했습니다. 코스탄조는 베네치아공화국이 군대를 지휘하도록 고용한 메시나 출신의 용병대장이었습니다. 그는 불과 23세로 군사 작전 중 라벤나 근처에서 말라리아로 사망한 아들 마테오의 영안실 예배당을 위한 제단화를 원했습니다.

조르조네는 전통을 깨는 결정을 합니다. 피에로 델라 프란체스카Piero della Francesca부터 자신의 스승인 조반니 벨리니Giovanni Bellini에 이르기까지 이전의 거장들은 항상 이상적인 구성의 중심에 인물들을 배치했습니다. 조르조네는 피라미드의 강력한 도상학적 구조를 유지하고 그 정점에 성모와 아기를 배치하되, 원근법을 분할하여 바깥쪽을 향해 열기로 결정합니다. 매우 높고 초자연적이며 거의 형이상학적인 성좌, 시골과 언덕을 감싸는 부드러운 빛에 잠긴 애달프도록 고요한 풍경과 대조를 이루며 두드러집니다. 인물 표현과 배경 처리에서 베네치아 화가들을 피렌체 화파와 차별화시키는 독특한 터치인 베네치아 색조 회화, 조르조 바사리Giorgio Vasari가 그의 《르네상스 미술가 평전》에서 말한 '드로잉 없는 회화'의 승리를 찬양하고 있습니다. 빛과 그림자 사이의 갑작스러운 전환을 피하고 모든 가장자리를 부드럽고 섬세한 명암으로 감싸면서 색을 층층이 겹쳐가는 숙련된 기법입니다.

그림의 큰 화면은 상하 및 좌우의 이중 축 대칭을 이루고 있습니다. 커다란 암적색 벨벳 천은 지상 세계의 경계를 긋고, 규칙적이고 정돈된 체크무늬 바닥 위에는 성좌의 아랫단이 놓여 있고 두 인물이 양쪽에 서 있습니다. 위쪽의 천상 세계는 중앙에 성모 마리아의 모습과 함께 짙은 우울의 풍경과 대비되어 두드러져 보입니다.

성모의 오른쪽 무릎에 앉아 자신의 운명에 대한 인식에 몰두한 아이의 모습에 의해 그림의 상단에서 완벽한 대칭이 깨집니다. 아래쪽의 두 인물은 같은 자세를 취하고 그림의 중앙 축을 기준으로 완벽하게 대칭적인 위치에 배치되어 있습니다. 두 인물 모두 관람자의 눈을 똑바로 바라보며 그림의 내용 속으로 끌어들이지만, 두 인물 사이의 대조는 이보다 더 뚜렷할 수 없습니다. 오른쪽의 성 프란치스코는 무장을 하지 않은 수수한 복장으로 이집트의 술탄인 알카밀al-Malik al-Kamel에게 평화의 메시지를 전하기 위해 다미에타로 가던 모습을 하고 있습니다. 이와 대조적으로 왼쪽에는 예루살렘의 성 요한 구호기사단의 수도사이자 전사인 성 니카시우스st. Nicasius는 빈쩍이는 화려한 갑옷을 입고 있습니다. 그는 성지에서 십자군으로 싸우다가 하틴 전투에서 포로가 되어 살라딘Saladin이 보는 앞에서 참수를 당합니다. 살라딘은 몇 년 후 아시시 출신의 성자와 평화롭게 대화를 나누게 되는 술탄의 삼촌이죠. 니카시우스는 몰타 기사단의 휘장이 될 예루살렘 십자가 군기를 들고 있으며, 그 깃대가 되는 창은 모든 대칭을 깨는 마지막이자 가장 중요한 요소가 됩니다. 천상의 공간을 침범하여 두 세계 사이의 구분을 깨고, 마침내 공격적인 대각선으로 구성의 수직적 질서를 깨뜨리는 것입니다. 여기 이 한 폭의 그림은 거장의 숙련된 솜씨로 대칭이 깨진 덕분에 새롭고도 아름다운 걸작이 된 것입니다.

'깨진 대칭'의 매력은 많은 예술 작품에서 찾아볼 수 있습니다. 완벽한 대칭의 질서정연한 리듬은 평온함과 안정감을 주지만 밋밋해질 위험이 있습니다. 놀라움을 주지 않기 때문에 흥미를 일으키지 않죠. 파열은 불안감을 주지만 동시에 호기심을 불러일으키며, 우리가 확실한 것에서 벗어나 이 깨진 균형이 우리를 어디로 이끌고 있는지 이해하도록 촉구합니다. 우리는 잠시 비틀거리고 예상치 못한 새로움과 그에 수반되는 위험에 두려움을 느끼지만, 이윽고 작가는 우리를 익숙한 구조로 되돌아가게 함으로써 우리를 안심시킵니다. 마치 교향곡의 지배적인 주제에 대한 변주를 따라가다가 길을 잃은 것 같아 두려워할 때 피날레에서 그 주제를 다시 발견하고서는 우리를 달래주는 품속에 안긴 듯 안심할 수 있었던 것처럼 말입니다. 이는 바흐나 모차르트와 같은 위대한 화가나 뛰어난 음악가들이 통달하고 있던 기술입니다. 피사의사탑의 특이한 기울기부터 모나리자의 비대칭적이고 신비로운 미소, 아르날도 포모도로Arnaldo Pomodoro의 금빛 청동 조각상에 이르기까지, 위대한 걸작의 탁월

한 매력의 비밀은 바로 이 일탈에서 비롯됩니다. 포모도로의 구체는 마법 같은 수학적 관계의 딸인 매끄럽고 완벽한 구가 찢어지고 분해되어 고통스러운 내부를 보여주지요.

예술 분야에서 대칭을 깨는 것은 매혹과 놀라움을 불러일으키려는 의도적인 행위라면, 자연이 같은 유혹에 저항할 수 없는 것처럼 보이는 이유는 무엇일까요?

급팽창 단계 이후에 나타난 우주는 완벽함의 영역입니다. 이를 지배하는 물리법칙은 놀랍도록 대칭적입니다. 왜 이렇게 완벽한 메커니즘이 깨지는 것일까요?

물리학에서 사발석 대칭 깨짐을 이해하기 위해 한 가지 기계적인 예를 들어보겠습니다. 평평한 표면 위에 연필심을 아래로 하고 연필이 서 있다고 해봅시다. 이 시스템의 초기 상태는 완벽하게 대칭입니다. 연필은 축을 기준으로 회전할 수 있으며, 수직축을 중심으로 회전할 때 중력장이 대칭을 이루기 때문에 물리법칙은 동일하게 유지됩니다. 연필이 평면 위에 쓰러질 때 어떤 방향으로든 쓰러질 수 있다는 말입니다. 대칭 상태는 불안정하여 그대로 두면 연필은 쓰러질 것입니다. 수평면에 높인 연필은 안정적이지만, 특정 방향을 선택했기 때문에 중력장의 회전대칭은 깨졌습니다. 평면 위에 쓰러짐으로써 연필은 에너지와 대칭성을 잃고 안정성과 다양성을 얻었습니다.

원시우주에서도 비슷한 일이 일어났습니다. 초기의 작열하는 상태에서는 높은 수준의 대칭성을 가졌지만 불안정합니다. 식으면서는 대칭성을 잃고 안정성을 얻습니다.

그렇다면 이 우주가 처해 있는 가장 낮은 에너지 상태란 어떤 것이었을까요? 어떤 메커니즘으로 인해 '전기-약 대칭'이 자발적으로 깨질 수 있었을까요?

이 질문은 전기-약력 이론의 초기부터 제기되어왔으며, 여러 가지 해법이 제시되었지만 그중 어느 것도 설득력이 없었습니다. 1964년 30대 초반의 세 명의 젊은 과학자들이 올바른 아이디어를 떠올렸습니다. 벨기에의 로버트 브라우트Robert Brout와 프랑수아 앙글레르 François Englert, 그리고 이들과 거의 동시대인인 영국의 피터 힉스가 바로 그들입니다.

다시금 젊은이들이 새롭고 파격적인 아이디어를 제안했지만, 처음에는 정말로 혁명적인 아이디어였기 때문에 아무도 그것을 진지하게 받아들이지 않았습니다.

두 상호작용의 방정식이 같다면, 대칭은 그것들이 전파되는 매체에 의해서만 깨질 수 있습니다. 즉, '대칭을 깨는 것'은 진공입니다. 진공은 비어 있지 않기 때문입니다. 태곳적부터 하나의 장이 우주의 모든 구석을 차지해 왔습니다. 표준 모형의 입자에 추가되어야 하는 기본 스칼라 입자(힉스 보손)에 의해 생성되는 힉스 장입니다. 이것은 전자기력과 약력이 왜 그렇게 다르게 행동하여 서로 조금도 관련이 없는 것처럼 보이는지 설명할 수 있는 유일한 길입니다.

작열하는 초기 우주에서 힉스 장은 모든 것을 완벽하게 대칭으로 만드는 들뜬 상태에 있었습니다. 온도가 낮아짐에 따라, 낮은 에너지의 평형상태로 얼어붙어 처음의 대칭이 깨집니다. W와 Z는 그것들을 가두는 장에 심하게 얽혀 있기 때문에 무거워지는 반면, 광자는 질량 없이 사방으로 계속 날아다닙니다.

렙톤과 쿼크의 질량이 다른 이유도 비슷한 메커니즘으로 설명할 수 없습니다. 그것들 또한 모두 동등하게 질량이 없는 상태로 태어납니다. 무거운 입자와 가벼운 입자를 선택하고 구별하는 것은 힉스 장입니다. 힉스 장과의 상호작용이 강할수록 입자의 질량이 더 커지는 것입니다.

한 가지 작은 세부 사항을 제외하고는 모든 것이 우아하게 잘 들어맞습니다. 힉스 장은 실제로 존재했던 걸까요? 이 우아한 해법이 실제로 자연이 선택한 것이라고 누가 확신할 수 있을까요? 만약 힉스 장이 어딘가에 존재했다면 그 장과 연관된 입자가 나타나야 했습니다. 그리하여 힉스 입자를 발견하기 위한 대경주가 시작되었습니다.

힉스 입자의 발견

힉스 메커니즘이 실제로 전기-약 대칭성 파괴의 원인이라는 것을 확인하는 데까지는 거의 50년이 걸렸습니다. 물리학 역사상 가장 찾기 힘든 입자를 찾아내는 데 그토록 오랜 시간이 걸린 것입니다.

이론적으로 힉스 입자가 어떤 질량을 가져야 하는지 예측하지 못했기 때문에, 이 입자는 어디든 숨어 있을 수 있었습니다. 수십 년 동안 전 세계의 과학자들은 이 새로운 입자를 잡기 위해 초인적인 노력을 기울였지만, 아무

소득이 없었습니다. 힉스를 발견한 지금은, 힉스가 너무 무거워서 2010년 이전까지 사용했던 가속기의 에너지로는 힉스를 생성하기에 충분하지 않아서 그런 실패가 계속되었다는 것을 알고 있지만 말입니다. 전환점은 제네바에 있는 CERN의 대형 가속기인 LHC의 건설과 함께 찾아왔습니다.

입자가속기는 현대의 '타임머신'입니다. 우리를 수십억 년 전으로 데리고 가 우주의 기원에서 일어나는 현상을 연구할 수 있게 해줍니다. 가속기 내에서 충돌이 일어나면 진공에서 물질 입자가 추출됩니다. 이는 아인슈타인의 유명한 원리인, 질량과 에너지 사이의 등가 관계 $E=mc^2$가 적용된 것입니다. 한 입자 빔이 다른 입자 빔과 충돌하면 충격에너지는 질량으로 변환될 수 있습니다. 에너지가 클수록 생성되는 입자가 더 무거워져 아주 자세히 연구할 수 있죠. 따라서 입자가속기는 빅뱅 직후 사라진 물질의 형태를 아주 잠깐 동안 되살려내는 '소멸된 입자의 제조 공장'이라고 할 수 있습니다.

LHC는 현재 세계에서 가장 강력한 입자가속기입니다. 수천 개의 패킷으로 구성된 두 개의 양성자 빔이 둘레 27km의 진공관 안에서 서로 반대 방향으로 순환합니다. 각 패킷에는 천억 개 이상의 양성자가 집적되어 있고 매우 강한 전기장에 의해 가속되며, 강력한 자석이 그것들의 궤적을 구부려 궤도를 유지하고 충돌이 일어나게 만듭니다. LHC에서 생성되는 에너지는 13 TeV(테라 전자볼트, 10^{12} eV)이지만, 양성자는 쿼크와 글루온으로 구성되어 있기 때문에 충돌이 꽤 복잡하여 가용 에너지의 일부인 몇 TeV만 무거운 입자로 변환될 수 있습니다. 그러나 무거운 양성자는 방사로 인해 에너지를 거의 잃지 않기에 더 높은 에너지 상태로 추진하기 쉽습니다. 양성자 가속기가 새로운 입자를 직접 발견하는 데 가장 적합한 기계인 것은 그런 이유 때문입니다.

전자가속기는 보완적인 기능을 가지고 있습니다. 해당 입자가 점과 같기 때문에 충돌이 훨씬 간단하며 충돌의 모든 에너지를 새로운 입자를 생성하는 데 이용할 수 있습니다. 전자가속기는 고도로 정밀한 측정을 수행하고, 미묘한 변칙 현상을 찾아냄으로써 간접적으로 새로운 입자를 발견하는 데 이상적인 기계입니다.

다만 전자가속기는 극도로 높은 에너지에 도달할 수가 없다는 단점이 있습니다. 전자와 같은 가벼운 입자는 원형 궤도를 이동할 때 많은 양의 광자를 방출하므로 에너지의 상당 부분을 잃게 됩니다. 에너지가 증가함에 따라 이 손실은 급격히 증가하기에, 이는 결국 새로운 입자를 직접 발견할 수 있는 가능성을 제한하는 넘을 수 없는 장벽이 됩니다.

가속기에서 생성된 입자 충돌로 인해 발생하는 에너지의 크기는 우리의 일상생활에 비교하면 정말 미미한 수준입니다. 그러나 이러한 충돌이 극미한 공간에 집중되면, 빅뱅 이후 발생한 적이 없던 극한의 조건이 재현됩니다. 바로 이러한 충돌에서 우리가 힉스 입자를 식별할 수 있는 특별한 사건들이 만들어졌습니다.

이 결과는 각각 수천 명의 과학자로 이루어진 ATLAS와 CMS라는 두 개별 연구 그룹의 작업 덕분에 가능했습니다. 새로운 입자를 찾을 때 두 가지 실험을 하는 것은 거의 의무 사항입니다. 찾고 있는 신호는 매우 드물고 오류 가능성도 매우 높기에, 서로 다른 기술에 기반하고 서로 다른 과학자 그룹이 2개의 독립적인 실험을 수행해야만 잘못된 신호가 아니라는 확신을 얻을 수 있기 때문이죠.

ATLAS와 CMS는 서로 완전히 독립적으로 작업하도록 고안되었으며, 이로 인해 둘 사이에는 매우 치열한 경쟁이 있습니다. 한쪽이 먼저 새로운 물질 상태를 발견하는 데 성공하고 다른 쪽이 뒤늦게 성공하여 그 결과를 확증해주기만 한다면 발견의 모든 영광은 전자에게 돌아갈 것입니다. 그 때문에 어느 쪽도 마음 편히 잠들 수가 없죠. 무언가 잘못되거나 저쪽이 먼저 결승선에 도달할 것이라는 악몽이 항상 눈앞에 도사리고 있으니까요.

그러나 믿을 수 없는 일련의 상황으로 인해, 두 실험이 모두 완벽하게 성공했고 두 팀은 함께 결승선을 통과했습니다. 그들은 데이터에서 힉스 입자의 존재에 대한 첫 징후를 동시에 확인했고, 더 이상 의심하거나 신중할 필요가 없을 정도로 그 신호가 강해지자, 2012년 함께 새로운 입자의 발견을 전 세계에 발표했습니다. 이 새로운 입자의 질량은 125GeV(기가 전자볼트, 10^9eV)로, 모든 면에서 '1964년의 과학자들'이 예측한 힉스 입자와 유사했습니다.

이 결과로 표준 모형은 새로운 승리를 거두었습니다. 처음으로 힉스 입자가 존재한다는 가설을 세운 젊은 과학자 트리오 중 살아 있는 두 사람 프랑수아 앙글레르와 피터 힉스는 2013년 노벨상을 수상합니다.

무엇이 물질과 반물질 사이의
대칭을 깨뜨렸는가

이제 새로운 입자를 발견했으므로 사정이 더 명확해졌습니다. 우리는 전이가 언제 일어났는지 더 잘 이해할 수 있고, 전기-약 대칭이 자발적으로 깨지는 메커니즘의 윤곽을 개략적으로 설명할 수 있습니다.

시간 X는 빅뱅 후 10^{-11}초에 원시우주가 도달한 정확한 온도에 상응하는 힉스 입자의 질량에 달려 있습니다. 그 순간부터 전자기적 상호작용은 약한 상호작용과 결정적으로 분리되고, 우리에게까지 이어지는 긴 과정이 시작됩니다. 연필이 탁자 위에 쓰러지듯이 우주는 대칭성을 잃었지만 다양성과 안정성을 얻었습니다. 우리를 둘러싼 모든 것, 여전히 우리에게 놀라움을 주는 무한히 다양한 형태의 경이로움은, 그것을 가두고 있던 극악의 대칭이 깨지지 않았더라면 생겨날 수 없었을 것입니다. 힉스 보손의 키스는 절대적 균일성이라는 치명적인 완벽함 속에 공주를 가두었던 주문을 깨뜨렸습니다. 그 차이에서, 그 작은 원초적 결함에서 모든 것이 솟아났습니다.

오늘날 우리는 새로운 스칼라장과 관련된 퍼텐셜을

기술할 수 있고, 우주의 물질 구조를 구축하는 데 그토록 중요한 역할을 한 메커니즘을 더 잘 이해할 수 있습니다.

어쩌면 반물질의 수수께끼를 푸는 열쇠도 그 마법 같은 순간 속에 숨어 있을지 모릅니다. 힉스 입자의 발견과 함께 새로운 가설이 등장하고 있는 것이죠.

반물질에 대한 최초의 아이디어는 1928년으로 거슬러 올라가 폴 디랙Paul Dirac의 계산에서 거의 우연히 탄생했습니다. 당시 겨우 26세였던 이 젊은 영국 과학자는 고에너지에서 아원자입자의 행동을 설명할 수 있는 이론을 정식화하려고 시도하고 있었습니다. 이를 위해 그는 입자에 대한 양자역학의 설명과 상대론적 효과로 인한 변형을 조화시켜야 했습니다. 그가 전자의 운동에 대한 상대론적 방정식을 세웠을 때, 그는 이 방정식이 '양의 전자'에도 적용된다는 사실을 깨닫고 놀랐습니다. 이 발견은 처음에는 순전히 형식적인 우연의 일치로 보였지만, 곧 자연의 또 다른 근본적인 대칭성을 발견한 것으로 여겨졌습니다. 상대론적 양자역학은, 전하를 가진 모든 입자에 대해, 질량은 같지만 전하가 반대인 또 다른 입자, 즉 '반입자'가 반드시 존재한다고 말합니다.

'반세계'의 기본 구성 요소가 존재할 수 있다는 생각

은 너무 기괴해서 처음에는 아무도 진지하게 받아들이지 않았습니다. 그러나 캘리포니아공과대학교의 젊은 물리학자인 27세의 칼 앤더슨Carl Anderson이 우주 방사선을 연구하던 중 검출기에 나타난 이상한 흔적에 주목하면서 상황이 달라졌습니다. 수많은 조사 끝에 그는 분명한 결론을 내립니다. 그것은 전자와 질량은 같지만 양전하를 띠는 입자였던 것입니다. 그리하여 최초의 '양전자'가 발견되었습니다. 반물질은 드물기는 하지만 우리 물질 세계의 실제 구성 요소였던 것입니다.

그 이후로 착착 새로운 입자의 목록이 늘어남에 따라, 반대 전하를 띠는 파트너의 목록도 함께 늘어났습니다.

반물질은 이제 꽤 흔한 물질이 되었습니다. 반물질은 그것을 사용하거나 그 특성을 연구하기 위해 입자가속기에서 만들어지지만, 많은 병원의 일상적인 임상 활동에서도 사용됩니다. 가장 일반적인 예는 양전자 방출 단층촬영(PET)으로, 양전자와 전자의 소멸을 통해 장기의 기능적 이미지를 재구성할 수 있는 진단 검사입니다.

집단적 상상력을 가장 자극했던 것은 바로 그러한 특성입니다. 서로 접촉한 입자와 반입자는 초기 시스템의 질량과 동등한 총 에너지를 가진 광자 쌍으로 변환됩니다. 물질과 반물질이 에너지로 변환되는 이 매우 효율적인 반응은 많은 공상과학소설에 영감을 주었습니다.

실제로 어떤 반응도 이 소멸 과정에 견줄 수 없습니다. 1kg의 물질과 1kg의 반물질을 결합하여 만들어지는 에너지는 1kg의 수소를 헬륨으로 핵융합하여 만들어지는 에너지보다 70배, 석유 1kg을 연소하여 만들어지는 에너지보다 40억 배나 더 큽니다. 문제는 대량의 반물질을 효율적으로 생산할 수 있는 메커니즘을 아직 찾지 못했다는 것입니다. 입자가속기로는 엄청난 에너지와 재료비를 들여 극소량만 생산할 수 있습니다. 10mg의 양전자를 생산하는 데 2억 5,000만 달러가 듭니다. 그러니까 반물질은 1g당 250억 달러의 비용이 들기 때문에 지구상에서 가장 희귀하고 비싼 물질이 되는 셈이죠. 따라서 당분간은 '스타트렉' 시리즈의 엔터프라이즈호 같은 반물질 엔진을 장착한 우주선을 만드는 프로젝트가 진행되지는 않을 것 같습니다.

초기에 공식화되고부터 반물질 개념에는 물리학이 아직 답할 수 없는 질문이 동반되어왔습니다. 방정식이 대칭적이고 물질과 반물질의 행동을 동등하게 기술한다면, 도대체 왜 우리 세계는 물질에 의해 지배되고 있는 것일까? 급팽창 단계가 끝날 때 과잉 에너지가 진공에서 같은 양의 물질과 반물질을 추출했을 것이라고 생각하는 것이 자연스러워 보입니다. 하지만 반물질은 우리 주변의 우주에서 확실히 사라진 것 같습니다. 반물질은 어디로 갔을까요?

수천 명의 연구자들이 이 질문에 답하기 위해 다양한 노선으로 작업하고 있습니다. 첫 번째 가설은 대량의 반물질이 우리가 아직 탐사하지 않은 우주의 영역으로 빠져나갔다는 것입니다. 반물질로 이루어진 세계, 반양성자와 양전자로 이루어진 거대한 은하계가 지금까지의 어떤 관측에도 포착되지 않았다는 것이죠.

두 번째 노선의 연구는 모든 것이 물질과 반물질 사이의 미묘한 행동 차이 때문이라고, 즉 어떤 작은 변칙이 있어 원래의 대칭을 깨뜨리고 모든 것의 바탕이 되었다고 추측합니다. 자세한 연구가 수행되었고, 실제로 입자와 반입자의 붕괴 과정에서 물질 쪽에 아주 약간의 우위를 부여하는 몇 가지 메커니즘이 발견되었습니다. 이러한 차이는 표준 모형에 의해서도 예견되었지만, 물질 쪽의 우위가 너무 작아서 우리 주변에서 관찰되는 과잉을 설명하기에는 부족합니다.

최근 몇 년 동안 또 다른 가설이 제시되었습니다. 힉스 입자가 무대 중앙을 차지하고 원시우주의 완벽한 대칭을 깨뜨린 바로 그 순간에 매우 특별한 어떤 일이 일어나 모든 것이 결정되었을 수 있다는 것입니다. 반입자가 아니라 입자와의 결합에 약간의 우위가 생기면서 우리를 둘러싸고 있는 물질적 우주가 만들어졌을 수 있다는 것이죠.

하지만 다른 가설들도 등장하고 있습니다. 예를 들어 비대칭성은 상전이가 일어나는 방식에서 비롯되었다는 것입니다. 이 전이가 일어나는 속도에 따라 국소적인 이상 현상이 새로운 시스템의 일반적인 속성이 되었을 수 있으며, 그 시점에서 갈림길이 생겨났으리라는 것입니다. 그리고 우리의 물질적 우주는 반물질의 길을 영원히 버리고 물질의 길을 택했다는 것입니다.

이러한 현상을 자세히 연구하려면 수천만 개의 힉스 입자를 만들어내고 가장 미세한 특성을 면밀히 측정하여 가능한 모든 변칙을 찾아야 합니다. 더 많은 충돌을 생성하기 위해 기계의 광도를 높여야 하기 때문에, 이러한 연구는 LHC로 수행되고 있습니다. 그러나 무슨 일이 일어났는지 정확히 이해하려면 훨씬 더 강력한 가속기를 만들어야 할 수도 있습니다. 힉스 장을 교란시키고 그 운명적 전환의 모든 단계를 재구성하여, 수십억 년 동안 유지되어온 안정된 평형 위치에서 벗어나 그 작용을 연구할 수 있을 정도로 강력한 가속기를 말이죠.

가장 깊은 대칭

초대칭성이라는 이름하에는 사실 복잡한 여러 이론군이 존재하는데, 그것들은 알려진 모든 입자에는 초대칭 짝이 있다는 가설로 통합됩니다. 즉 훨씬 무겁고 스핀이 $\pm 1/2$만큼 다르다는 점을 제외하면 모든 면에서 닮은 입자가 있다는 것입니다. 따라서 반정수 스핀 $1/2$을 갖는 일반 페르미온은 정수 스핀(0, 1)을 갖는 초대칭 보손과 대응되는 반면, 일반 보손은 초대칭 페르미온과 대응됩니다. 이 '초세계'에서 상호작용을 수행하는 것은 페르미온이고, 물질을 구성하는 것은 보손입니다.

이 이론은 이러한 더 높은 형태의 대칭도 빅뱅 후 첫 순간에 깨졌다고 예측합니다. 다시 말해, 초대칭 입자는 일반 물질과 같은 비율로 초기 우주의 작열하는 환경을 채우고 있었습니다. 그러나 팽창으로 인한 급격한 냉각 때문에 대량 멸종이 일어납니다. 초대칭 입자들은 살아남지 못하고 거의 즉시 일반 물질로 분해되어 더 이상 발견되지 않게 되었습니다.

그러나 실제로는 예외가 있었을 수도 있습니다. 이 이론은 안정된 초대칭 입자가, 즉 다른 것으로 붕괴되지 않는 입자가 존재할 수 있다고 예측합니다. 약한 상호작용만 할 수 있는 이 무거운 입자는 강한 중력을 발휘할 수 있는 거대한 덩어리를 형성할 수 있습니다. 만일 그렇다면 우리는 은하와 은하단을 하나로 묶는 암흑 물질의 기원을 이해할 수 있을 것입니다. 안정된 초대칭 입자들의 이러한 거대한 응집체들은 초대칭 물질이 세계를 지배했던 초기 우주의 화석 잔류물일 수 있는 것이죠.

SUSY(supersymmetry, 초대칭 이론)의 매력은 이 이론에서 기본 상호작용을 통합할 수 있는 더 간단한 시나리오가 나오고, 힉스 입자를 위해서도 특별한 자리가 있다는 사실에서 비롯됩니다. 2012년에 발견된 입자는 실제로 전체 초힉스super-higgs 계열의 첫 번째 입자일 수 있으며, 우리는 그 질량이 125GeV인 이유를 초대칭을 통해 더 잘 이해할 수 있을 것입니다. 가상의 초대칭 입자들은 해당 질량의 스칼라가 양자 효과 때문에 겪는 불안정성으로부터 입자를 보호하며, 일종의 보호 갑옷을 구축할 수 있습니다.

그러나 이론이 검증되기 위해서는, 이론이 우아하고 이론 물리학자들 사이에서 상당한 인기를 누리는 것만으로는 충분하지 않습니다. 실험 데이터에서 이러한 이상한 입자가 확인되어야 하는데, 아직까지는 이런 일이 없었습니다. 따라서 이론이 틀렸을지도 모릅니다. 혹은 초대칭 입자가 너무 무거워서 LHC로도 생성할 수 없을지도 모르고요. 그런 경우에는 그 입자들의 '가상' 효과를 통해 그 존재를 감지할 수도 있을 것입니다. 초질량 입자가 알려진 입자 주위를 유령처럼 떠다니며 표준 모형에서 예측한 메커니즘을 간섭할 수도 있습니다. 그 결과 탐지기에 기록될 수 있는 변칙이 발생할 수 있고, 새로운 물리학의 중요한 '간접적' 발견이 될 수 있습니다.

초대칭성에 대한 탐구는 여러 전선에서 동시에 계속되고 있습니다. 2015년부터 13TeV로 에너지를 증가하여 작동하고 있는 LHC를 활용하면 지금까지의 연구에서 감지되지 않았던 거대 입자를 생성할 수 있을 것으로 기대됩니다. 동시에, 표준 모형의 스칼라를 찾느라 이미 탐색했던 영역에서도 힉스의 사촌을 찾고 있습니다. 우리가 찾는 것은 매우 독특한 특성을 가진 입자이기 때문에, 지금까지의 연구만으로는 충분하지 않습니다. 힉스의 초대칭 사촌들은 특이한 방식으로 생성되고 붕괴되기 때문에, 매우 특수한 전략을 세워야 합니다. 또한 생성하기도 어렵고 너무 희귀해서 발견하기도 어려운 입자일 수 있기 때문에, 더 많은 데이터가 필요합니다.

이 모든 것과는 별개로, 125GeV에서 힉스 보손에 대한 연구는 계속되고 있습니다. 표준 모형은 모든 특성을 매우 정확하게 예측합니다. 지금까지 우리가 관측한 모든 것이 예측과 일치하지만, 우리가 생성하고 재구성할 수 있는 보손의 양이 적기 때문에 정확성의 정도가 제한됩니다. 많은 붕괴 과정에서 측정의 불확실성이 여전히 너무 높아 SUSY에서 예측한 변칙이 드러나지 않을 수 있습니다.

철저하고 체계적인 작업이 LHC에서 계속되고 있습니다. 최근 발견된 힉스 입자가 물리학의 새로운 문을 여는 관문일 수도 있다는, 2012년에 일어난 일이 발견의 첫 번째 고리일지도 모른다는 희망을 품고서, 초대칭의 명백한 징후를 찾기 위해 모든 방법을 동원하고 있습니다.

물리학은 중대한 변화의 순간을 맞이하고 있습니다. 이제 마지막 남은 입자가 발견되면서 기본 상호작용들의 표준 모형이 완성되었습니다. 그러나 이 이론의 새로운 승리를 축하하는 바로 그 순간에, 사람들은 이 이론이 설명하지 못하는 현상의 목록이 너무 길어 솔직히 당황스러울 정도라는 것을 모두가 알고 있습니다.

우리는 여전히 급팽창의 정확한 역학을 이해하지 못하고, 중력을 포함한 기본 힘들을 일관되게 통합하지도 못하고 있습니다. 암흑 물질과 암흑 에너지를 설명할 수 있는 현상은 말할 것도 없고, 반물질의 소멸을 초래한 메커니즘에 대해서도 전혀 알지 못하는 상태입니다.

조만간 표준 모형을 재조정해야 한다는 것은 누구나 알고 있습니다. 아마도 그것은 자연에 대한 새롭고 더 완전한 설명을 제공할 수 있는 더 일반적인 이론의 특수한 한 경우가 될 것입니다. 연구 작업의 멋진 점은 이런 일이 언제 일어날지 아무도 모른다는 것입니다. 그런 날은 언제든 올 수 있습니다. LHC의 최신 데이터 분석에서 새로운 물질 상태가 발견될 수도 있고, 수년간의 시행착

오가 있을 수도 있고, 어쩌면 새로운 세대의 가속기가 필요할 수도 있습니다.

그래서 현재의 작업이 계속되는 동안 미래의 기기도 이미 설계되고 있습니다. 새로운 가속기의 개발과 설치에 걸리는 시간은 수십 년으로 예상됩니다. LHC에 대한 첫 번째 논의는 1980년대 중반에 시작되었고, 신형 가속기는 2008년에 완성되었습니다. 2035년에서 2040년 즈음에 새 가속기를 가동할 계획이라면 지금 바로 조치해야 합니다. 2019년 초 CERN이 LHC의 후속 가속기로 미래형 원형 충돌기 FCC 프로젝트를 설명하는 보고서를 발표한 것은 우연이 아닙니다.

FCC 팀은 CERN에서 건설할 100km 길이의 충돌기를 설계하고 기반 기설을 확정하고 비용을 추정하는 임무를 맡은 국제 연구 팀입니다. 이 프로젝트는 첫 번째 단계로 전자와 양전자 사이의 충돌을 일으키는 가속기인 FCC-ee를 구상하고 있습니다. 이 가속기는 이후에 양성자-양성자 기계인 FCC-hh로 개조될 예정이며, 이는 이미 CERN의 LEP(대형 전자-양성자 충돌기) 및 LHC에서 성공적으로 사용된 방식에 따라 설계될 예정입니다.

2014년에 만들어진 이 제안은 곧바로 국제사회의 열

렬한 지지를 얻었습니다. 150개 대학, 연구 기관 및 협력 산업체에 속한 1,300명 이상의 물리학자와 엔지니어가 연구에 참여했습니다. 연구 결과는 입자가속기 분야에서 새로운 유럽 전략을 정의하는 데 기초가 되는 상세한 보고서로 작성됩니다.

이 새로운 기반 시설을 구축하기로 한 결정은 2020년 6월 19일에 CERN 관리기구에서 만장일치로 승인되었습니다. 현실적인 시나리오에 따르면, FCC-ee는 2028년에 건설을 시작하여 2040년 이전에 가동을 시작할 수 있습니다. 반면 양성자 기계는 훨씬 더 복잡하여 가동에 필요한 대형 규모의 자석을 생산하기 위해서는 수년간의 개발이 더 필요합니다. FCC-hh의 시작은 2050년에서 2060년 사이가 될 것입니다.

지금의 상황은 요컨대, 한 세기 동안 기초과학 연구의 경계를 지을 중요한 결정이 내려지고 있는 것입니다.

연구의 관점에서 볼 때, 두 가속기를 순차적으로 연결하는 것이 단연 최적의 구성입니다. 이는 새로운 물리학이 어디에 숨어 있든 빠져나갈 틈을 주지 않기 위해 일종의 협공 작전을 펼치는 것과 같습니다.

전자-양전자 기계는 힉스 입자와 표준 모형의 기본

매개변수를 정밀하게 측정할 수 있는 이상적인 환경을 제공합니다. 새로운 가속기는 처음에 90GeV로 작동하여 엄청난 수의 Z 보손을 생성한 다음, 160GeV로 상승하여 W 쌍을 생성하고, 다시 240GeV로 상승하여 Z와 관련된 수백만 개의 힉스를 생성하고, 마지막으로 365GeV에 도달하여 가장 무거운 쿼크인 톱 쿼크를 생성할 것으로 기대됩니다.

암흑 물질을 설명하는 데 도움이 될 새로운 입자나, 우주의 숨겨진 차원으로 우리를 안내할 새로운 상호작용은, 지금까지 생각한 표준 모형의 매개변수를 믿을 수 없을 정도로 정밀하게 측정함으로써 간접적으로 발견할 수 있을 것입니다.

정밀도가 충분하지 않다면, 우리는 모든 경우를 무식하게 탐색하는 방법brute force에 기댈 것입니다. 100TeV 에너지의 FCC-hh를 사용하면 LHC보다 일곱 배 더 큰 에너지 규모로 탐색할 수 있게 될 것입니다. 몇 TeV에서 몇십 TeV 범위의 질량을 가진 새로운 물질 상태를 직접 확인할 수 있을 것입니다. 그리고 힉스 보손이 기본 입자인지 아니면 내부 구조를 가지고 있는지 이해할 수 있을 것이고, 전기-약 대칭의 자발적 깨짐의 세부 사항을 연구하여 우리 세계에서 물질이 우세한 이유를 이해하는 데 결정적인 증거를 얻을 수 있을 것입니다.

이 프로젝트에는 상당한 비용이 듭니다. 터널을 파고 전자 기계를 설치하는 데 90억 유로(약 12조 8,096억 1,000만 원)가 필요합니다. FCC-hh에 필요한 강력한 자석을 만들려면 추가로 150억 유로(약 21조 원)가 들 것입니다. 그러나 투자가 분산될 기간을 고려하고 전 세계에서 재정 지원을 받게 될 것을 고려하면, 이 사업은 확실히 실행 가능해 보입니다. FCC 프로젝트를 통해 유럽이 도전을 시작하면서, 미래의 가속기에 대한 글로벌 논쟁에서 중심을 차지하고 있다는 것은 의심의 여지가 없습니다.

수십 년 전까지만 해도 이 분야에서 확실한 선두주자였던 미국은 저자세를 유지하고 있으며 부차적인 역할에 만족하고 있는 듯합니다. 아시아 호랑이들, 즉 일본뿐만 아니라 한국, 특히 중국의 경우는 사뭇 다릅니다.

기초연구에 대한 중국의 투자는 해마다 증가하고 있습니다. 그 비율은 유럽인들은 감히 꿈도 꾸지 못할 정도입니다. 2000년과 2010년 사이에 중국의 투자는 두 배로 증가했으며, 지금은 이미 유럽 전체보다 더 많은 연구개발비를 지출하고 있습니다. 또한 우주정거장 건설과 달 탐사 임무를 포함한 야심 찬 우주탐사 프로그램을 시작했으며, 매년 수십 개의 새로운 대학과 중요 연구 기관을 신설하고 있습니다.

중국의 지도부는 기초과학에 대한 투자를 통해 중국이 세계 기술 엘리트의 대열에 들 수 있다는 것을 깨달았습니다. 그러나 그들의 기획은 훨씬 더 야심적입니다. 그들은 단순히 참여하는 데 만족하지 않고, 세계를 이끌려는 초강대국에게 전략적으로 중요한 활동의 주역이 되기로 결정했습니다.

아시아의 거인이 유럽의 FCC와 매우 유사한 프로젝트인 CEPC(원형 전자-양전자 충돌기) 프로젝트를 추진하고 있는 것은 우연이 아닙니다. 240GeV 전자-양성자 충돌기를 수용할 50~70km 링 형태의 이 시설은 이후 50~70TeV의 질량 중심 에너지로 충돌을 일으킬 수 있는 양성자 가속기로 개조될 것입니다.

베이징에서 300km 떨어진 해안 근처의 구릉지인 친황다오 지역이 건설 후보지로 꼽히고 있는데, 이곳은 '중국의 토스카나'로 알려져 있습니다. 중국에서 수십 킬로미터 길이의 터널을 파는 데 드는 비용은 유럽에서보다 훨씬 저렴하며, 무엇보다도 중국 정부가 비용의 상당 부분을 부담할 의향이 있는 것으로 보입니다.

요컨대 유럽이 위기와 분열을 겪고 있는 지금, FCC 기획은 유럽이 다시 생각을 크게 할 수 있는 적절한 기회가 될 수 있습니다. 유럽 대륙이 기초 물리학과 같은 전략적 부문에서 리더십을 넘겨주지 않고 혁신과 지식 개발에서 결정적인 역할을 하고자 한다면 FCC는 좋은 기회가 될 것입니다.

이처럼 138억 년 전 우주의 시작에서 무슨 일이 일어났는지에 대한 연구는 과학적, 기술적 과제뿐만 아니라, 어쩌면 오늘날의 정치적 과제와도 얽혀 있는 것입니다.

셋째 날

불멸자들의 탄생

THE
STORY
OF
HOW
EVERYTHING
BEGAN

GENESIS

약력과 전자기력을 영원히 분리시킨 충격적인 사건이 방금 벌어졌지만 아무것도 변한 것이 없어 보입니다. 온갖 곳에 있는 전기-약 진공은 보이지도 않고 만질 수도 없습니다. 그러나 그 카오스적 시스템의 구성 요소들은 사방에서 소용돌이치는 점과 같은 물체의 광란을 느낍니다.

이 신출내기는 각 개별 요소의 동작을 구별하고 역할을 할당하며 기능을 정의합니다. 이는 마치 무질서하고 불명확한 시스템 속에서 아직은 보이지 않는 어떤 내적 질서가 갑자기 확립되는 듯합니다. 이는 곧 돌이킬 수 없는 변화로 이어질 것입니다. 겉보기로는 무질서가 다중적인 상호작용들을 지배하는 것 같아도, 그 속에는 이제 위계와 조직의 정교한 그물망이 숨어 있습니다. 지금부터는 깊은 변화가 일어날 것입니다. 일련의 긴박한 사건으로 인해 특정 기본 성분들이 점점 더 안정적인 형태의 조직으로 응축될 것입니다. 이것은 지속성을 지닌 물질계의 시작으로, 거대한 건축물을 이룰 기본 벽돌이 굳어지고 있는 것입니다. 곧 우리에게 친숙한 요소들을 알아볼 수 있게 될 것입니다.

우주는 이제 1,000억km의 크기에 도달했지만 여전히 팽창을 계속하고 있습니다. 온도는 빠르게 떨어지고 있지만, 여전히 조(10^{12}) 도 단위로 측정됩니다. 그 구성 요소들이 마구 동요하는 과정에서 우리는 그 행동의 차이와 규칙성을 식별할 수 있습니다. 잠시 후 온도가 떨어지면 가장 가벼운 쿼크는 응결되어 매우 특별한 상태가 됩니다. 쿼크와 글루온의 속박 상태가 진공의 불연속적인 부분을 차지하게 되죠. 이 부분은 매우 편안한 집처럼 세 개의 쿼크와 상당수의 글루온을 수용하기에 넉넉한 공간입니다. 이는 진짜 유원지와 같아서, 그 속에서 기본 구성 요소들이 서로 뒤쫓고 붙고 하며 자유로이 돌아다니고, 가상 입자들은 그것들을 둘러싸고 혼란스럽게 맴돌며 그것들을 껴안아 묶어둡니다. 이 환경은 너무 잘 설계되어 영원히 지속될 것입니다.

더 복잡한 물질 구조의 기본 구성 성분이 될 최초의 양성자가 나타나는데, 이는 매우 견고하고 잘 조직되어 있어 사실상 불멸의 존재로 간주될 수 있습니다. 다른 많은 형태의 물질 조직은 불안정할 것이며, 아마도 1초도 안 되는 순간 또는 백만 년 후에 다른 것으로 변환될 것입니다. 하지만 양성자의 경우에는 그렇지 않을 것입니다. 평균 수명이 너무 길어서 138억 년이라는 우주의 시간도 그에 비하면 짧은 기간으로 보일 것입니다.

　모든 것이 여전히 작열하고 있지만, 곧 온 우주가 헨리 퍼셀Henry Purcell의 '아서 왕'에서처럼 겨울의 정령 콜드 지니어스의 지배하에 놓이고 그 통치는 일시적이지 않게 될 것입니다. 이 위대한 바로크 작곡가는 우주에 존재하지 않는 원초적 힘의 작용을 통해, 영원한 눈의 망토에 덮여 있던 차가운 무덤에서 그를 깨워냅니다. 우리를 둘러싼 얼어붙은 환경은 봄을 알지 못합니다. 지하 세계의 왕에게 납치된 데메테르의 딸 페르세포네가 석류씨를 다 먹어버려 다시는 지상으로 올라올 수 없는 것이죠.

　이 쌀쌀한 곳에서 양성자보다 더 잘 생존할 수 있는 것은 없습니다. 양성자는 가장 복잡한 교향곡을 작곡하는 데 사용될 원초적 음표가 될 것입니다. 그리고 이는 무수한 변주로 결합되어 더없이 특이한 변주와 더없이 안정적인 반복을 만들어낼 것이며, 참신한 시작으로부터 일련의 다른 변형을 일으킬 것입니다.

　전자가 전기-약 진공과의 상호작용을 통해 갖게 된 특정 질량은, 전자가 첫 양성자 주위를 안정적으로 공전하여 원자와 분자를 형성할 수 있도록 합니다. 이런 식으로 거대한 기체 성운이 생성될 것이고, 그로부터 최초의 별과 은하, 행성과 태양계가 탄생할 것이며, 최초의 생명체가 생겨나 점점 더 복잡해져서 결국 우리에게까지 이르게 될 것입니다. 놀라운 음의 연속이 곧 시작됩니다. 계속 청취해주세요.

가장 완벽한 액체

빅뱅 이후 불과 1마이크로초(100만분의 1초)가 지났을 때, 온도는 10조 도가 넘었고, 온 우주가 이상한 물질로 부글부글 끓고 있었습니다. 플라즈마와 비슷했습니다. 젤리처럼 유연한 물질을 가리키는 그리스어에서 유래한 말이죠. 원자에서 전자가 분리될 정도로 고온으로 가열되어 이온화된 기체를 플라즈마라고 부릅니다. 이때 전기적으로 중성을 유지하는 매질은 실제로는 반대 전하의 자유입자들로 구성됩니다. 원시우주를 채우고 있는 플라즈마는 이온과 전자로 구성되어 있지 않고, 상대론적 속도로 움직이는 온갖 종류의 입자, 특히 쿼크와 글루온으로 구성되어 있습니다. 이러한 온도에서 강력은 실제로 너무 약합니다. 그 결합 상수는 우주가 냉각됨에 따라 커질 테지만, 아직은 결합 상태를 만들 수 있는 운동 에너지를 담을 수 없습니다.

생성된 쿼크와 글루온 플라즈마는 이상유체와 유사한 기체입니다. 그 구성 요소들은 어떤 저항도 없이 서로 미끄러지며 본질적으로 서로 상호작용하지도 않습니다. 사실상 점도가 없는 완벽한 액체, 이상적인 초유체로서 어디서든 쉽게 흐르며 어떤 작은 틈이건 침투할 수 있습니다. 특이한 속성을 지닌 이런 종류의 묽고 뜨거운 수프는 실험실에서 만들어낼 수 있게 된 이후로 아주 자세히 연구되어왔습니다. 그 결과는 비교적 최근에 나타났으며, 중이온을 서로 충돌시킬 수 있는 강력한 기계의 사용을 기반으로 합니다.

일반적인 가속기는 전자 또는 양성자와 같은 점 입자를, 즉 소수의 쿼크와 글루온으로 구성된 복합 시스템을 사용합니다. 이 경우에도 가장 에너지가 높은 충돌은 실질적으로 점과 같은 물체들 사이에서 발생합니다. 기본 구성 요소, 즉 글루온이나 쿼크 쌍들이 정면으로 충돌하는 반면, 양성자의 나머지는 산산이 부서집니다.

특별한 장치를 사용하면 중이온과 같이 훨씬 더 크고 복합적인 물체도 동일한 기계에 주입하고 순환시켜 가속할 수 있습니다. 실제로 이것들은 궤도전자의 전부 또는 일부가 분리된 이온화된 원자의 핵입니다. 전하를 띠게 되면 가속기에 주입되어 에너지를 얻고 다른 빔과 충돌할 수 있습니다. 더 복합적이고 더 무겁기 때문에 그 충돌은 훨씬 더 화려하여 수만 개의 입자가 튀어나오는 진짜 불꽃놀이와 같죠. LHC에서 일어나는 납 이온들 사이의 충돌을 생각해봅시다. 이 경우 200개 이상의 양성자와 중성자로 구성된 매우 무거운 핵이 가속되고 충돌하여 모두 엄청난 에너지를 갖게 됩니다.

초상대론적 핵은 작고 얇은 디스크와 비슷합니다. 상내성 때문에 그것은 운동 방향으로 짓눌리고, 그것을 구성하는 쿼크와 글루온은 속도에 따라 질량이 증가하면서 핵 물질의 국소적 밀도를 빠르게 증가시킵니다. 서로 반대 빔에 속한 2개의 디스크가 중앙에서 충돌하면 마치 수백 개의 개별 충돌이 중첩되는 것과 같습니다. 충돌의 중심에서 국소적 온도가 너무 높아져 쿼크와 글루온이 아주 짧은 시간 동안 융합하여 원시 유체, 즉 쿼크와 글루온 플라즈마의 작은 방울을 형성하는 것을 볼 수 있습니다.

최신 가속기에서 생성되는 에너지는 실험실에서 작은

빅뱅을 재현할 수 있을 정도로 매우 높습니다. 이 현상이 일어나는 국소의 공간은 매우 높은 온도로 인해 빠르게 팽창하고, 유체는 순식간에 그 특성을 잃고 알려진 입자들을 계속해서 생성합니다. 그러나 충돌의 중심에서 방출되는 이러한 부산물의 속성을 통해 원래 초유체의 독특한 특성을 추적할 수 있습니다.

양성자는 영원하다

몇 마이크로초 후 온도가 낮아지면서 쿼크와 글루온 플라즈마가 존속할 수 있는 임계온도를 지나게 됩니다. 이 시점에서 우주는 엄청난 양의 광자로 채워지고, 쿼크와 렙톤은 글루온과 함께 사방으로 날아다니는 한편, 무거워진 W와 Z는 제한된 범위 내에 있습니다.

우주가 냉각됨에 따라 글루온에 의한 상호작용은 점점 더 강해지고, 모든 글루온은 결국 어떤 쿼크에 달라붙어 시야에서 사라지고, 물질은 보통 하드론(강입자)이라고 부르는 무거운 상태로 응집되기 시작합니다. (그리스어로 '강한'을 뜻하는 말에서 따온 것이며, 쿼크에 의해 형성되고 강력의 영향을 받습니다.) 안정된 물질을 생성하려는 첫 번째 시도는 실패합니다. 글루온으로 결합된 쿼크와 반쿼크 쌍이 생성되지만, 불안정하고 쉽게 끊어지기 때문에 결합이 오래 지속되지 않습니다. 3개의 쿼크로 구성된 더 복잡한 시스템이 형성될 수 있을 때, 모든 일이 더 잘 진행됩니다.

새로운 조합은 즉시 더 큰 가능성을 보여줍니다. 3개의 쿼크는 그 사이를 맴도는 글루온에 의해 서로 달라붙어 오래 지속되도록 만들어진 시스템처럼 보입니다. 하지만 실제로는 더 무거운 쿼크가 사용되면 일이 잘 돌아가지 않습니다. 잠시 동안은 모든 것이 괜찮은 것처럼 보이지만 이윽고 불안정한 징후를 보이고, 곧이어 온도가 더 떨어지면 붕괴되어 작은 불꽃을 일으킵니다.

진짜 놀라운 일은 가벼운 쿼크 셋이 조직될 때 나타납니다. 첫 번째 계열에는 '업'과 '다운' 쿼크가 포함되며, 이것들은 가장 가볍고 잘 감지되지 않으며 힉스 스칼라 장과 가장 약하게 상호작용하고, 매우 가벼운 렙톤보다만 무겁습니다. 수천 배나 더 무거운 거대한 '톱' 쿼크는 뭔가 안정적인 것을 조합하려고 시도하지만 실패합니다. 반면에 더 작은 것들은 덩치 큰 사촌들이 해내지 못한 일을 성공적으로 해냅니다.

그 결과 항상 균형이 잡혀 결코 흔들리지 않는 3개의 다리가 달린 탁자처럼, 기발한 단순함을 갖춘 구조가 탄생합니다. 전하가 +2/3인 업 쿼크 2개와 전하가 −1/3인 다운 쿼크 한 개가 순 양전하 +1인 시스템을 구성하는데, 이를 '양성자'라고 합니다.

이 신참은 안정성의 원형이자, 오래 지속되도록 만들어진 이상적인 구조물입니다. 글루온이 운반하는 강력의 끈끈이에 들러붙은 3개의 회전하는 쿼크의 조합은 일종의 난공불락의 요새를 만듭니다. 그것은 기본 구성성분의 가벼움에도 불구하고 거의 1GeV에 달하는 상당한 질량을 가지고 있으며 이를 함께 유지하는 강력장의 에너지에 의해 지배됩니다. 3개의 가벼운 쿼크는 그들의 질량보다 훨씬 더 큰 엄청난 결합에너지로 연결되어 있습니다. 이것이 그것들을 하나로 뭉치는 '강력 접착제'이자, 양성자 질량의 숨은 비밀입니다. 그로써 전설적인 안정성이 얻어집니다.

우주가 점점 더 냉각되어 결합에너지보다 훨씬 낮은 에너지 수준을 지나면서 양성자는 분해되기 점점 더 어려워질 것입니다. 이는 항성 폭발에서 양성자가 초상대론적 속도로 가속되어 고에너지 우주선cosmic rays의 형태로 떠돌 때 다시 일어날 것입니다. 다른 물체와 충돌하는 순간, 인간이 입자가속기에서 재현할 수 있는 것과 동일한 분해반응이 일어날 것입니다. 그러나 이는 여전히 드문 현상이 될 것입니다. 대부분의 경우 3개의 가벼운 쿼크는 끈적끈적한 글루온의 바다에 잠겨 평온히 지낼 것이며, 수십억 년에 걸쳐 진화할 우주의 변화로부터 보호된 상태로 남아 있을 것입니다.

과학자들은 복잡한 실험을 통해 양성자가 어느 정도 안정적인지를, 즉 '불멸'의 입자라고 말할 수 있는 한계를 정량화하려고 시도했습니다. 그 결과는 놀라웠습니다.

붕괴가 매우 드물다고 하더라도, 양성자가 다른 더 가벼운 입자로 분해되면 그 평균수명을 측정할 수 있습니다. 이러한 과정 중 하나만 확인하면 될 것입니다. 물론 그런 일은 매우 드물 것으로 예상되고, 수세기가 걸리는 실험을 수행할 수는 없기 때문에, 유일한 가능성은 몇 년 정도 엄청나게 많은 수의 양성자를 통제하는 것입니다.

일본의 슈퍼 카미오칸데Super-Kamiokande 실험에서는 아주 미세한 분해를 식별할 수 있는 특수 센서가 5만 톤의 초고순도 물로 채워진 거대한 용기에 장착되어 있습니다. 혹시 모를 오신호를 피하기 위해 물에 남아 있는 미세한 불순물을 제거하고, 시설을 광산 깊숙한 곳에 있는 큰 동굴 속에 설치했습니다. 그렇게 하면 우리가 찾으려는 것과 유사한 신호를 낼 수 있는 우주선으로 인한 교란에 영향을 덜 받으면서 실험을 할 수 있기 때문입니다.

지금까지 어떤 붕괴도 관찰되지 않았기 때문에 양성자의 평균수명에 하한선을 두는 것만이 가능했는데, 이는 10^{34}년 이상으로 밝혀졌습니다. 요컨대, 실험의 한계 내에서 보면 양성자의 수명은 영원한 것입니다. 우주의 나이가 10^{10}년을 조금 넘었다는 것만 생각해도 알 만하죠. 유명한 보석 광고 문구를 인용하자면, "양성자는 영원히." 수명만 놓고 보면 양성자와 다이아몬드는 비교도 안 되지만, 그래도 선물로는 수소 한 통보다 아름다운 다이아몬드 반지가 낫겠죠.

양성자가 다른 가벼운 입자로 붕괴할 수 있는 매우 드문 과정을 찾는 일에 대한 관심은 대통일이론(Grand Unified Theory, GUT)의 실험적 검증과도 관련이 있습니다. 세 가지 기본 상호작용이 충분히 높은 에너지에서 하나의 힘으로 수렴한다는 가설은 매우 설득력 있는 가설로 여겨지고 있으며 많은 실험 데이터에 의해 뒷받침됩니다. 대통일은 현재로서는 다다를 수 없는 에너지 규모에서 나타날 것이기에, 현상을 직접 관찰하여 모든 세부 사항을 연구하는 것은 불가능합니다. GUT의 일부 이론적 모델의 예측에 따르면, 매우 드물게 일어나기는 하지만 양성자도 반드시 붕괴합니다. 따라서 추적하기 어려운 이 과정을 발견하면 대통일의 역학을 더 명확하게 알 수 있을 것입니다.

양성자가 여전히 우주 일반 물질의 주요 구성 성분이 된다는 것은 예상할 수 있는 일입니다. 은하에서 보이는 물질의 대부분은 자유전자와 양성자로 구성된 뜨거운 이온화 가스인 수소 플라즈마의 형태입니다. 만일 양성자가 불안정하다면 플라즈마는 햇빛을 받은 안개처럼 녹아버릴 것입니다. 그러나 이런 일은 일어나지 않습니다. 양성자는 (우주를 자유롭게 떠돌든, 원자핵에 단단히 묶여 있든) 진정한 불멸자인 것처럼 보입니다. 크리스토퍼 램버트와 숀 코네리가 주연한 1980년대 영화 '하이랜더'의 전사들처럼, 양성자는 태곳적부터 우주의 온갖 변천을 뚫고 살아왔으며, 미래에 대해서도 걱정할 일이 없는 것 같습니다.

우리가 알고 있는 안정된 물질을 구성하는 데 필요한 두 가지 성분이 아직 빠져 있습니다. 첫 번째는 양성자의 중성 버전인 중성자입니다. 중성자는 여러 면에서 양성자와 닮은 가까운 친척입니다. 중성자 역시 가벼운 쿼크 셋으로 만들어졌지만, 2개의 다운 쿼크(각각 -1/3 전하)와 하나의 업 쿼크(전하 +2/3)로 이루어져 있습니다. 그 결과 질량은 크지만 전하가 없는 물체가 만들어집니다. 질량은 약 1GeV인 양성자의 질량과 비슷하며, 이 경우에도 양성자를 하나로 묶는 글루온장의 결합에너지가 질량을 지배합니다. 그러나 중성이라는 사실 때문에 작지만 중요한 차이가 생겨납니다. 중성자는 양성자보다 약간 더 무거워 겨우 1.3MeV, 즉 0.14% 더 무거운 것에 불과하지만 이 차이는 결정적입니다.

질량이 약간 더 크면 양성자로 붕괴될 수 있고, 보존법칙을 따르기 위해 반드시 중성미자를 동반해야 하는 전자로 붕괴할 수 있습니다. 이것은 전자방출을 동반한 전형적인 약한 붕괴로, 엔리코 페르미가 흥미를 가졌던 것과 유사합니다. 중성자가 핵 안에 차 있으면 이 붕괴는 일어나지 않습니다. 핵을 하나로 묶어주는 강력의 장에서는 중성자가 붕괴할 수 없지만, 이 보호막에 의존할 수 없다면 중성자는 불안정해져 몇 분 후에 분해됩니다. 우리는 곧 이 메커니즘이 최초의 핵 형성에 얼마나 중요한 역할을 했는지 보게 될 것입니다.

양성자와 중성자는 그 반입자들과 함께 지속적으로 형성됩니다. 반대되는 2개가 만나면 즉시 서로를 소멸시켜 광자를 생성하지만, 환경이 너무 뜨거워서 입자/반입자 쌍이 진공에서 계속 추출되어 방금 사라진 입자를 대체합니다. 이 과정은 온도가 허용하는 한 모든 곳에서 지속적으로 반복됩니다. 이 매우 빠른 탄생과 소멸의 순환에서 물질과 반물질 사이의 작은 초기 비대칭이 증폭됩니다. 느리지만 확실하게, 극미한 개체 수 차이로 모든 반양성자와 반중성자가 이후 세대에서 사라집니다. 이렇게 우주는 물질로만 이루어지는 방향으로 나아갑니다.

그런 다음 진공에서 양성자나 중성자 쌍이 추출될 수 있는 최솟값 아래로 온도가 떨어지고 과정이 중지되어 하드론 시대의 끝을 알립니다. 그러나 여전히 전자/양전자 쌍을 생성하기에 충분한 에너지가 있을 것이며, 그것들은 우주를 채우기 시작하면서 하드론이 겪었던 것과 비슷한 역사를 되풀이할 것입니다.

양성자나 중성자와 달리 전자는 매우 가볍습니다. 실제로 전자의 무게는 쿼크 트리오보다 거의 2,000배나 가볍습니다. 전자는 복합 물체가 아니며 이보다 더 가벼운 하전입자는 존재하지 않습니다. 에너지보존법칙(물체는 더 가벼운 입자로만 붕괴할 수 있음)과 전하보존법칙(전자는 중성입자로 붕괴할 수 없음)을 결합하면 전자는 안정적이어야 한다는 결론이 나옵니다.

빅뱅 이후 얼마 지나지 않아 우주는 가장 가벼운 하전입자들로 가득 차게 됩니다. 이제 안정된 물질이 형성되는 데 필요한 모든 필수 성분이 들어 있지만, 아직은 조금 더 참고 기다려주세요.

가장 수줍고 부드러운 이가
먼저 떠난다

우주가 양성자와 중성자로 가득 차면서 중성미자의 개체수도 증가했습니다. 중성미자는 렙톤 중 가장 가볍고 질량이 너무도 작아 몇 년 전까지만 해도 우리는 제대로 알지 못했습니다. 사실 아직 정확하게 측정하지는 못했지만, 최근에서야 중성미자의 질량이 0과 아주 약간 다르다는 것이 밝혀졌습니다. 그들은 렙톤이어서 강력의 영향을 받지 않으며 중성이어서 전자기상호작용에도 무관합니다. 그들과 관련된 유일한 힘은 약력뿐입니다. 그래서 중성미자는 덜 나서고 매우 부드럽습니다. 중성미자는 매우 수줍은 입자로 매우 섬세하게 움직이기 때문에, 막대한 양의 물질을 통과하면서도 눈에 띄지 않고 아주 작은 교란도 일으키지 않을 정도입니다. 하지만 중성미자는 우주의 물질적 조성을 결정하게 될 균형에서 중요한 역할을 합니다.

지금까지 보았듯이 중성자는 양성자보다 약간 더 무겁습니다. 0.14%라는 차이는 사소한 것입니다. 마치 몸무게가 80kg인 두 사람 사이에서 100g 무게 차이가 중요하지 않은 것처럼 말입니다. 그러나 양성자와 중성자가 서로 열평형을 이루려면, 각각 에너지의 절반을 흡수해야 합니다. 질량 차이로 인해 중성자의 개체수는 양성자의 개체수보다 약간 적어집니다. 온도가 엄청나게 높게 유지되는 한, 이 작은 차이는 무시할 수 있습니다. 그러나 분배되어야 하는 열에너지가 감소함에 따라 이 차이는 점점 더 중요해집니다. 그렇다면 중성자의 수를 줄이고 양성자의 수를 늘리는 원인은 무엇일까요? 중성자를 양성자, 전자, 중성미자로 바꾸는 약한 붕괴와 같이 중성자를 사라지게 만드는 반응, 그리고 이와 유사한 효과를 가진 다른 반응이 있습니다. 이로부터 나오는 결론은, 이러한 과정에 참여하는 중성미자 기체는 상호작용하는 강입자 물질 및 광자들과 같은 온도를 공유하게 된다는 것입니다.

이러한 동적 과정은 t=1초가 되는 순간 멈춥니다. 이 시점에서는 온도가 너무 많이 떨어져서 이제는 열평형을 유지하기 위해 중성자 하나당 양성자 여섯 개가 필요하게 되고, 상황은 급변하기 직전입니다. 이제 온도가 너무 빨리 떨어지기 때문에 중성미자가 더 이상 양성자와 중성자 사이에 열에너지를 분배하기에 적합한 반응속도를 유지할 수 없게 된 것입니다. 조금 전까지만 해도 여러 종류의 입자들이 평형을 유지했습니다. 이제는 큰 후퇴를 앞두고 있습니다. 전투에서 돌이킬 수 없을 정도로 패배한 중성미자가 전장을 떠납니다. 섬세하고 부드러운 입자의 거대한 집단이 원시 물질에서 분리되어 떠돌기 시작합니다. 분리가 일어나기 직전에 다른 모든 파트너와 공유했던 온도에 대한 기억만 짊어진 채로 말입니다.

이 순간부터 중성미자는 그들을 포착하기에는 너무 희박해진 우주에서, 물질의 손아귀에서 벗어나 다시는 그 원시적 포옹을 되찾을 수 없게 됩니다. 그들은 수십억 년 동안 한없이 떠돌며 별과 은하의 형성을 목격하면서, 여느 때처럼 눈에 띄지 않고 섬세하게 방대한 분포의 물질들을 계속 통과해갈 것입니다.

그들이 진화해가는 길은 다르겠지만, 황금시대의 기억은 그들의 온도 속에 지워지지 않게 새겨져 영원히 남아 있을 것입니다. 물질과 숨바꼭질을 하고 수많은 입자들과 자유롭게 짝짓기를 하던 뜨겁고 마법 같은 시대의 기억을 말입니다. 138억 년이 지난 오늘날, 아주 오래된 우주 중성미자(별에서 생성되는 아주 어린 중성미자와 구별하기 위해 그렇게 부릅니다)는 여전히 모든 곳을 계속 떠돌고 있습니다. 우리의 계산에 따르면 우주의 모든 입방 센티미터에는 600개의 중성미자가 있어야 하는데, 이는 상당한 숫자처럼 들리지만 중성미자는 물질과 매우 약하게 상호작용하기 때문에 지금까지 아무도 그 존재에 대한 증거를 수집하지 못했습니다. 그러나 우리는 중성미자가 여전히 우리 주변에 존재한다고 확신합니다. 또한 우주의 팽창으로 인해 중성미자의 온도는 오늘날 약 1.95K 일 것으로 추정하고 있습니다.

현재까지 우주 중성미자 신호를 찾는 일은 유의미한 결과를 얻지 못했습니다. 지금까지는 그 존재에 대한 힌트만 발견되었습니다. 어떤 새로운 기술을 통해 그것들을 검출하게 되는 날이 오면, 모든 빅뱅 모델이 이론적으로 가정하고 있는 우주 중성미자 배경의 모든 특성을 연구할 수 있을 것입니다. 우리를 여전히 둘러싸고 있는 이 수줍고 부드러운 입자들의 바다에는, 우주가 생명의 첫 번째 순간의 촛불을 꺼버렸을 때 실제로 무슨 일이 일어났는지 이해하는 데 결정적인 비밀이 숨겨져 있습니다.

그들은 별의 심장을 형성할 것이다

처음 1분이 지나자 이제 중성자 하나당 양성자 7개가 있고, 에너지밀도는 그들이 서로 응집하기 시작하여 더 가벼운 원소의 핵을 형성할 수 있을 정도로 낮아집니다.

이제 우주의 밀도와 온도가 별의 밀도와 비슷하기 때문에 이 시기는 매우 중요한 순간입니다. 고에너지 충돌에 관여하는 양성자와 중성자는 반응을 일으켜, 강력에 의한 속박 상태를 형성할 수 있습니다. 양성자가 중성자와 융합하면 중수소핵이 됩니다. 2개의 중수소핵이 융합하면 최초의 헬륨핵이 탄생합니다. 핵이 양성자 2개와 중성자 2개로 구성된 이 가벼운 원소는 그리스 태양신의 이름을 따왔습니다. 실제로 별의 거대한 핵 용광로에 연료를 공급하는 모든 수소는 결국 헬륨이 되죠.

핵을 형성하려면 2개의 중수소핵이 융합해야 하는데, 이 과정은 매우 쉽게 일어납니다. 4중체 핵은 핵의 각 구성 요소에 매우 높은 결합에너지를 수반하기 때문에 매우 안정적입니다. 남은 자유중성자는 모두 이 4중체에 말려들어 현장에서 사라집니다. 이런 이유로, 헬륨핵은 질량 기준으로 전체의 약 24%를 차지합니다. 나머지 약 75%는 '싱글'로 남아 있을 양성자들로 이루어질 것이며, 이들은 조건이 허락하는 즉시 수소 원자로 변환될 준비가 되어 있습니다. 리튬과 베릴륨과 같이 약간 더 무거운 핵이 여기저기서 흔적을 나타낼 것입니다.

우주의 모든 원시핵이 형성되는 데는 3분밖에 걸리지 않습니다. 3분이 지나면 온도와 밀도가 더 이상 핵반응을 유지할 만큼 높지 않게 됩니다. 이는 좋은 일이 될 것입니다. 이 과정이 너무 오래 지속되었다면 우주는 더 무거운 핵을 만들기 위해 많은 양의 자유양성자를 소비했을 것이기 때문입니다. 10분만 지속되었더라도 거의 모든 수소가 사라졌을 것입니다.

우주에 헬륨이 풍부하다는 것은 빅뱅 이론의 또 다른 확증이 됩니다. 이 원소는 별의 중심부에서도 생성되지만 원시 헬륨이 없다면 합계가 맞지 않을 것입니다. 우주의 모든 별이 140억 년 동안 수소를 태우더라도 측정된 양만큼 풍부하게 헬륨을 생산할 수는 없을 것입니다.

이때 생성된 핵은 수십억 년 동안 변하지 않았고 오늘날에도 우주에 존재하는 핵의 대부분을 이루고 있습니다. 그리고 훨씬 뒤에 가장 무거운 별의 거대한 핵 용광로에서 탄생할 주기율표의 무거운 원소들의 핵이 여기에 더해질 것입니다.

이론적 계산에 따를 때, 양성자와 중성자의 질량 차이가 조금이라도 더 컸더라면 참담한 결과가 초래되었을 것으로 추정됩니다. 나비의 날갯짓과 같은 아주 작은 일이 일련의 재앙을 일으키는 형국이죠. 질량의 차이 때문에 양성자와 중성자의 비율이 크게 달라졌을 것이며, 헬륨은 훨씬 더 많고 수소는 훨씬 더 적었을 것입니다. 요컨대, 최초의 별에서 핵반응을 일으킬 수 있는 수소가 충분하지 않았을 것입니다. 모든 것이 영원히 깊은 어둠에 싸여 있었을 것입니다. 우주는 거대하고 우울하고 칠흑 같은 공간으로 남아 있었을 테죠. 별이 없으니 무거운 원소가 없었을 것이고, 암석 행성의 재료가 될 물질도 없었을 것입니다. 생명체의 원형이 발생할 수 있는 조건이 존재하지 않았을 것이고, 그래서 언젠가 그 위대함을 생각할 수 있는 자도 존재하지 않았을 것입니다.

다행히 우주에서는 이런 일이 일어나지 않았습니다. 줄타기꾼은 금방이라도 이쪽이나 저쪽으로 떨어질 것 같았고, 관객들은 낭장 끔찍한 일이 일어날까봐 숨죽이고 있었지만, 그는 가볍고 우아하게 줄곧 균형을 되찾았고 마침내 우레와 같은 박수 속에 공연을 끝냈습니다.

최초의 수소 원자가 형성될 수 있을 정도로 에너지가 떨어지기까지는 아직 오랜 시간이 걸릴 것입니다. 전자가 핵의 양성자 주위를 돌 수 있게 해주는 전자기적 속박이 깨지지 않을 정도로 우주의 온도가 충분히 낮아질 때까지 기다려야 할 것입니다. 그러나 셋째 날이 끝날 때까지 매우 중요한 진전이 이루어졌습니다. 위대한 모험이 시작된 지 불과 3분밖에 지나지 않았습니다.

그리고 마침내 빛이 있었다

THE
STORY
OF
HOW
EVERYTHING
BEGAN

G E N E S I S

처음 몇 분이 지나자 전혀 예상치 못한 급격한 속도 변화가 일어납니다. 우주가 겪은 일련의 급격한 변형이 갑자기 가라앉고 거의 멈추다시피 할 정도까지 모든 것이 느려지고 지겨울 정도로 더딘 과정으로 들어갑니다. 우리는 교향곡이 시작된 '최대한 빠르게 점점 세게'에서 막 돌아와 이제 더 규칙적이고 안심할 수 있는 템포로 넘어가기를 기다리고 있는데 그때 모든 것이 '최대한 느리게'로 떨어지고 어디로도 이어지지 않을 것처럼 보입니다.

이제 과정은 한없이 느려지고 기간은 무진장 길어집니다. 가장 중요한 변화가 일어나는 것을 보려면 많은 인내가 필요합니다. 가벼운 원소의 핵이 형성된 후로 수십만 년 동안 중요한 일이 일어나지 않습니다. 모든 것이 계속 팽창하면서 식어간다는 점을 제외하면 말이죠.

끝이 없어 보이는 시간 동안 우주는 어두운 안개로 가득 차 있습니다. 기본 입자와 핵이 마구 뒤섞여 광자와 전자의 바다에 잠겨 있는 불투명한 세계입니다. 끝나지 않을 것 같은 사라반드에는 알려지지 않은 암흑 물질 입자들이 은밀하게 참여하고 있습니다. 구조도, 위계도, 조직도 없습니다. 아무것도 없습니다.

단 한 줄기 빛도 이 어둡고 혼란스러운 플라즈마를 통

과하지 못합니다. 전자와 광자는 잡기 놀이를 하면서 서로 쫓고 쫓깁니다. 사방으로 침투하는 고밀도 전자가스에 계속 흡수되었다가 곧바로 방출되는 광자는, 이 숨막히는 포옹에서 벗어날 수 없습니다.

이 불투명한 어둠의 왕국은 수십만 년 동안 지속될 것입니다. 그 어떤 어두운 설정도 이에 비할 바가 아닙니다. 아무리 상상력이 풍부한 공상과학소설도 이 끝없이 어둡고 음침한 환경의 우울한 분위기에 필적할 수 없습니다.

변화의 열쇠는 늘 그렇듯 온도 변화에서 비롯됩니다. 팽창이 승가함에 따라 돌이킬 수 없을 정도로 온도가 떨어집니다. 우주가 3,000도에 가까워지면 모든 것이 달라집니다. 이는 태양 표면 온도의 약 절반 정도이며, 이때부터 불투명한 안개가 옅어지기 시작합니다. 온도가 낮아지면 전자의 운동에너지가 감소하고 더 이상 양성자와의 속박을 끊을 수 없습니다. 전자기 인력이 우세해져, 자유롭게 마구 돌아다니던 무수히 많은 전자가 전자기장에 의해 길들여집니다. 전자는 더 이상 자유롭지 않고 하전된 원자핵 주위를 착실하게 공전할 수밖에 없습니다.

최초의 원자들이 형성됩니다. 주로 수소와 헬륨이죠.

그들은 모든 곳에서 태어나고, 플라즈마는 모든 핵과 전자의 무리를 가차 없이 흡수하는 엄청난 양의 가스로 분해됩니다. 물질은 중립적이고 안정적인 형태를 띠기 시작합니다. 때가 되면 원자는 더 복잡한 구조를 구축할 수 있게 될 것이고, 이는 더 많은 변형으로 이어질 것입니다.

원자 궤도의 편안한 껍질에 갇혀 체념한 전자에게는 자유의 끝이지만, 광자에게는 긴 노예 생활의 끝입니다. 물질과의 속박에서 갑자기 해방된 광자는 이제 자유롭게 뛰어다니며, 사방에 빛을 비추면서 이 새로운 현실을 축하할 수 있습니다. 우주는 갑자기 투명해지고 눈부시게 빛납니다.

이제부터 광자는 자유롭게 뛰어다니며 모든 것에 반사됩니다. 시간이 지남에 따라 점점 더 에너지가 줄어들고 진동수가 감소할 텐데, 이는 분명한 약해짐의 신호입니다. 갈수록 식어가는 온탕에 잠겨 점점 더 약하게 진동합니다. 하지만, 방사선이 세계를 지배하고 원자로 구성된 물질이 아직 존재하지 않았던 시대에 대한 지울 수 없는 기억을 간직한 채 계속 진동할 것입니다.

요컨대, 마침내 빛이 있었습니다. 당장 일어난 일도 아니고 전혀 쉽게 이루어진 일도 아니라는 점만 빼면, 성서

에 있는 그대로입니다. 막 넷째 날이 끝났고, 38만 년이
지났습니다.

어둠의 존재들로 가득 찬
빛이 없는 세계

핵이 형성되는 몇 분의 시간이 지나면, 수천 년 동안은
중요한 일이 일어나지 않습니다. 우주의 팽창과 냉각은
쉬지 않고 계속됩니다. 우주의 크기는 곧 1,000광년을
넘어서고, 온도는 여전히 수백만 도 단위로 측정됩니다.
엄청나게 뜨겁고 어두운 거대한 물체. 빛이 없고 어둠의
존재들로 가득 찬 지옥 같은 세계.

일종의 불투명하고 미세한 안개가 이 세계를 가득 채
우고 감싸고 있습니다. 전자, 광자 및 기타 기본 입자로
이루어진 에어로졸이, 양성자와 헬륨핵과 지금까지 형
성된 희귀한 가벼운 원소를 둘러싸고 있습니다.

전자기 인력에 의해 물질이 응집하기에는 여전히 온
도가 너무 높습니다. 양전하를 띤 양성자와 헬륨핵은 날
아다니는 전자에 달라붙으려고 하지만 실패합니다. 열

교란은 전자의 에너지를 너무 강하게 만들어, 결합이 형성되더라도 순식간에 끊어집니다. 끌어당기는 힘이 너무 약해서, 전자를 밀어내는 맹렬한 운동에너지와는 상대가 안 됩니다. 전자기 결합의 위대한 승리를 축하하기에 앞서, 온도가 급격히 떨어질 때까지 참을성 있게 기다려야 합니다.

모든 물질 입자는 시스템의 온도를 공유하는 광자 욕조에 잠긴 채 이동하지만, 빛의 흔적은 보이지 않습니다. 우주를 뒤덮고 있는 이 이상한 안개의 밀도가 너무 높아서, 모든 광자는 흡수되었다가 즉시 방출되는 일을 계속 되풀이합니다.

광자와 물질의 포옹, 특히 전자와의 포옹은 질식할 정도로 강하여 자유를 전혀 허용하지 않습니다. 그들이 자유로이 움직일 수 있는 평균 거리는 극히 미미합니다. 광자는 충돌한 전자에 의해 방출되거나 가속될 때마다, 저 멀리까지 가서 무한을 향해 달리고 싶은 희망을 품고 출발하지만, 곧바로 다른 무언가에 삼켜져버릴 뿐입니다. 끝없는 방출과 흡수의 순환이 다시 시작된다는 슬픈 운명을 돌아볼 겨를조차 없이 말이죠.

이 이상한 세계의 어둠 속에는 훨씬 더 신비로운 형태

의 물질이 존재합니다. 우리는 그것들이 정확히 무엇인지 모르기 때문에 지금까지는 거의 말하지 않았습니다. 따라서 우리를 여기까지 이르게 한 일련의 사건에서 그들의 위치가 정확히 어딘지 말하기가 어렵습니다. 그러나 불투명한 암흑기에 이미 상당한 양의 암흑 물질이 우주에 존재하고 있었다는 것은 분명합니다.

우주에 다량의 비발광 물질이 존재한다는 가설은, 1933년 스위스 천체 물리학자 프리츠 츠비키Fritz Zwicky에 의해 처음 제기되었습니다. 그는 뛰어난 독창성과 거침없는 유머 감각을 지닌 사람이었습니다. 다른 과학자들이 그의 이론에 회의적인 목소리를 내면 그는 그들을 '구형球形 등신'이라고 부르며 욕했다고 합니다. 상대방이 놀라 당황해하면, 어떤 각도에서 보더라도 똑같이 등신이라고 설명해주었다고 합니다.

츠비키는 현재 1,000개가 넘는 은하가 모여 있는 것으로 알려진 머리털자리 은하단을 연구하다가 은하단 가장자리에 가장 가까운 은하들의 속도에 뭔가 문제가 있다는 것을 발견했습니다. 그들의 움직임은 빛에서 얻은 가시 질량 분포로는 설명할 수 없었습니다. 중력의 효과로는 외부은하들의 속도를 설명하기에 충분하지 않았습니다. 모든 것이 마치 은하단에 훨씬 더 많은 물질이 숨어 있는 것처럼 행동했습니다. 츠비키는 훨씬 더 많은 질량이 필요하다고 계산했고, 이를 암흑 물질이라고 불렀습니다. 빛을 발하지 않고 우주의 어둠 속에 숨겨져 있다는 이유였죠. 한동안 그의 이론은 신랄한 비판을 받았고 '구형 등신들'의 수는 줄어들 기미가 보이지 않았습니다.

그러나 '세페이드 방법'이라는 원거리 측정법을 발명한 헨리에타 레빗Henrietta Leavitt의 후계자인 미국 천문학자 베라 루빈Vera Rubin의 연구로 상황이 뒤집혔습니다. 루빈은 1960년대에도 대형 망원경을 사용할 수 있었던 몇 안 되는 천문학자 중 한 명이었습니다. 팔로마산에 있는 천문대에서 일을 시작했을 때, 루빈은 여성용 화장실을 직접 만들었다고 합니다. 세계에서 가장 현대적인 천문대의 건축가들은 여성 천문학자도 그곳에서 일할 수 있을 거라고는 생각하지 못했기 때문입니다.

루빈은 나선은하 내부 별의 회전속도를 매우 체계적으로 측정했습니다. 그녀는 안드로메다부터 시작해 가장 바깥쪽 물질이 내부 별과 비슷한 속도로 공전한다는 사실을 발견했습니다. 이는 발광 물질에 의해서만 중력이 작용하면 속도가 훨씬 느려질 것이라는 예상과 반대되는 결과였습니다. 은하단 내에 속한 전체 은하의 움직임에 대해서도 비슷한 관측이 이루어졌습니다. 괴짜 츠비키가 옳았다는 결론을 피할 수 없었습니다. 루빈의 계산에 따르면 암흑 물질은 발광 물질보다 최소 다섯 배는 더 많아야 했습니다. 나선은하는 전혀 알려지지 않은 물질로 이루어진 거대한 암흑 헤일로halo◆ 속에 잠겨 있었음에 틀림없으며, 그렇지 않았다면 먼 옛날에 붕괴했을 것입니다.

20세기 후반에는 암흑 물질의 존재에 대한 실험적 증거가 점점 더 많아졌습니다. 다양한 조사 방법이 모두 같은 결과에 도달합니다. 여러 은하를 둘러싸고 있는 거대한 수소 구름의 회전속도를 측정할 수 있게 되고, 중력렌즈를 이용한 관측이 늘어나면 암흑 물질의 간접적인 증거를 찾을 수 있을 것입니다. 츠비키는 이 현상도 예측했는데, 그는 이를 일반상대성이론의 필연적인 결과라고 설명했습니다.

이 괴짜 스위스 천문학자는 질량이 강하게 집중되면

◆ 태양이나 달과 같이 강한 빛 주위에 생긴 동그란 고리처럼 보이는 일종의 광학 현상.

시공간이 왜곡되어 렌즈와 같은 광학 효과를 낼 수 있다는 사실을 다른 사람들보다 먼저 깨달았습니다. 광선이 뒤틀린 영역을 통과하며 굴절되면 놀라운 부산물이 만들어질 수 있습니다. 같은 별이나 같은 은하가 망원경으로 포착한 이미지에 두 번, 세 번, 네 번 나타날 수 있는 것이죠.

술을 너무 많이 마셔서 갑자기 모든 것이 2배로 보이는 것처럼 생각될 수 있는 이러한 다중 이미지들은 실제로 우리가 다른 식으로는 보이지 않는 형태의 물질을 볼 수 있게 해주는 새로운 측정 도구가 될 것입니다. 또한 우주에 암흑 물질이 풍부하다는 사실도 확인시켜줄 것입니다.

점점 더 설득력 있는 실험적 증거가 나타나고 아무도 그녀의 발견의 타당성에 대해 의문을 제기하지 않았습니다. 그럼에도 불구하고 노벨위원회는 전혀 이해할 수 없는 이유로, 베라 루빈이 마땅히 받아야 할 상을 그녀에게 수여하지 않았습니다.

오늘날 우리는 우주의 약 4분의 1이 암흑 물질로 이루어져 있다는 것을 알고 있지만, 그것이 정확히 무엇인지 아는 사람은 아직 아무도 없습니다.

일부에서는 그것이 중성미자 가스일 수 있다는 가설을 제기했지만, 중성미자는 너무 가벼워서 관측된 중력 효과를 설명할 수 없었습니다. 초대칭 이론이 맞다면 암흑 물질을 설명할 수 있는, 이상한 이름의 새롭고 매우 무거운 입자 계열이 존재할 것입니다. 그러나 지금까지는 초대칭 입자가 발견되지 않았기 때문에, 은하를 둘러싼 헤일로가 중력미자gravitino 또는 중성미자로 구성되어 있다는 가설은 아직 완전히 임의적인 가설입니다.

이 수수께끼를 설명할 수 있는 무겁고 약하게 상호작용하는 입자를 찾는 작업은 여전히 진행 중입니다. 대규모 시하 실험실에서 더욱 정교한 실험이 조직되고 있고, 지구 주위의 궤도로 장비를 보내거나 가장 강력한 가속기에서 새로운 입자를 찾고 있지만, 아직까지는 성과가 없습니다.

일부에서는 무거운 입자를 찾는 대신 액시온Axion이라 부르는 초경량 중성입자에 관심을 집중해야 한다고 생각합니다. 여기서도 츠비키의 손길을 느낄 수 있는데, 그는 이 명칭을 1950년대에 유명했던 주방 세제의 이름을 따서 지었습니다. 아마도 새로운 입자가 문제 상황을 깨끗이 청소해줄 것이라는 생각이었나봅니다. 액시온은 극도로 가벼운 미립자로서, 알려진 입자의 붕괴에서 나타나는 작은 변칙을 설명하기 위해 가설적으로 도입되었습니다. 그것은 거의 중력을 통해서만 일반 물질과 상호작용할 수 있습니다. 그러나 이 가설에 대해서도 현재로서는 확인된 증거가 없고 탐색이 계속되고 있습니다.

퍼즐의 해답이 무엇이든 암흑 물질은 초기의 한 단계, 아마도 급팽창 단계 직후에 분명히 등장했습니다. 다른 모든 것과 마찬가지로 냉각되면서 처음에는 완벽하게 균일했던 에너지 분포에 미세한 온도 차이가 나타나기 시작합니다. 이러한 차이는 급팽창에 의해 증폭된 초기의 양자 요동과, 사방에서 소용돌이치는 거친 광자 바다와의 상호작용에서 발생합니다.

이제 불투명성의 시대에 우리는 이를 일종의 가는 그물망으로 상상합니다. 즉 모든 것을 혼합하고 감싸는 검고 얇지만 촘촘한 그물망이죠. 지금은 그 공간적 분포가 이 암흑 플라즈마의 역학에서 유의미한 역할을 하지 않지만, 곧 응축 메커니즘이 발동되어 미세한 에너지 변동이 있는 곳에서 물질이 더 두꺼워지게 될 것입니다. 이 얇은 그물망의 더 조밀한 매듭 부분은 우리 물질 세계가 두꺼워지기 시작할 씨실이 될 것입니다. 그곳에서 최초의 별들이 탄생하고 은하의 씨앗이 꽃을 피울 것입니다.

바야흐로 물질의 시대

불투명성의 암울한 통치가 너무 오래 지속되어 아무것도 그 균형을 뒤집을 수 없을 것처럼 보였습니다.

그러나 온도가 3,000도 이하로 떨어지자 돌이킬 수 없는 일이 벌어졌습니다. 이 수치는 돌이킬 수 없는 일련의 상호 연결된 현상이 촉발되는 임계 수치입니다. 빅뱅 이후 수십만 년이 지났지만 이때까지만 해도 물질의 구성 요소는 온도를 공유하는 우주 복사 광자들의 바다에 완전히 잠긴 채로 있었습니다. 열평형은 고밀도로 광란하는 둘 사이의 지속적인 상호작용에 의해 보장되었습니다. 그러나 팽창과 함께 사정이 갑자기 달라지는 시점이 도래합니다.

이 모든 일은 복사와 물질이 서로 다르게 행동한다는 사실과 관련이 있는데, 이 점은 강조할 가치가 있습니다. 팽창하는 우주는 반지름의 세제곱만큼 부피가 증가하게 됩니다. 풍선이 부풀어 오르는 것처럼 반지름이 2배가 되면 부피가 8배가 되죠. 따라서 물질과 에너지의 밀도는 부피가 증가함에 따라, 즉 반지름의 세제곱에 반비례하여 감소합니다. 그러나 복사 광자의 경우 밀도를 더욱 감소시키는 추가적인 메커니즘이 작동합니다. 공간이 늘어나면 파장이 증가하므로 에너지가 감소합니다. 요컨대, 복사로 인한 에너지 밀도는 물질로 인한 에너지 밀도보다 더 빠르게 감소합니다. 반지름이 2배가 되면 복사에 의한 에너지 밀도는 16배 감소하는 반면, 물질에 의한 에너지 밀도는 8배 감소하는 데 그칩니다.

결국에는 파국적으로 균형이 무너집니다. 빅뱅 이후 38만 년 후에 일어나는 일입니다. 그 순간 복사는 물질에서 분리되고 그후 각각의 운명은 완전히 갈라집니다. 광자의 밀도는 전자 및 양성자와의 상호작용이 점점 더 적어지고 열평형이 깨지는 지점까지 감소할 것입니다. 그때까지 세계를 지배했던 복사가 점점 더 무게와 중요성이 줄어들어 결국 우주 전체 질량의 미미한 구성 요소가 되는 긴 쇠퇴의 과정이 시작됩니다.

곧 온도는 전자와 양성자 사이의 전자기 결합의 퍼텐셜 에너지가 열 교란의 운동에너지를 능가하는 지점까지 떨어질 것입니다. 그러고 나면 전자는 양성자와 안정적으로 결합할 수 있게 되고, 최초의 원자, 특히 수소와 헬륨이 생성되고, 다음으로 리튬, 베릴륨 및 기타 가벼운 원소가 생성됩니다. 광자와의 지속적인 상호작용에서 벗어난 원자는 자체 안정성을 찾게 됩니다.

이 새로운 질서에서 생겨난 중성 물질은 복사와 점점 덜 상호작용하게 될 것입니다. 수소와 헬륨으로 이루어진 거대하고 희박한 구름이 우주 전체를 차지할 것이고, 그 진화가 나머지 역사를 결정하게 될 것입니다. 복사가 우주를 지배하던 수천 년이 지난 후, 이 충격적인 분리는 물질 시대의 시작을 알립니다. 새로운 시대는 은하, 별, 행성의 형성으로 이어질 것이며 생명체가 될 복잡한 물질 형태의 발달로 계속 이어질 것입니다. 새로운 통치권이 수립된 것이죠. 그 통치는 수십억 년 동안 지속될 것이며 오늘날까지도 끝이 보이지 않습니다.

속박에서 아주 풀려난 광자는 벗어나려야 벗어날 수 없을 것 같았던 포옹에서 해방되어 마침내 어디든지 자유롭게 여행할 수 있게 되었습니다. 광자의 바다는 물질로부터 물러나지만, 새로이 형성된 원자가 비워둔 모든 공간을 차지하며 새로운 형태의 에너지를 가져옵니다. 우주가 투명해져 빛이 이리저리 통과할 수 있게 된 것입니다. 이 빛은 우리에게 익숙한 백색광과는 다른 빛입니다. 말도 안 되지만 만약 우리가 거기서 이 광경을 목격한다면, 우리 눈은 일종의 불그스름한 섬광을 보게 될 것입니다. 그것은 인간이 볼 수 있는 파장의 상한선을 표시하는 진한 빨간색 너머에 있는 따뜻한 빛입니다. 재미있게도 우리가 텔레비전 리모컨을 작동시켜 채널을 바꿀 때 사용하는 빛과 매우 유사합니다. 그러나 의심의 여지가 없습니다. 그것은 빛입니다. 우주는 투명하며 빛이 우주를 통과하고 있는 것입니다.

벽 속에 숨겨진 비밀 메시지

매년 두 번, 유대교의 가장 성스러운 장소인 예루살렘의 통곡의 벽은 대청소를 합니다. 고대 관습에 따라 신자들이 돌들의 틈새에 끼워둔 작은 쪽지들을 다 치우는 일입니다. 작업자들은 작은 도구를 사용하여 좁은 틈새에 박힌 쪽지들을 조심스럽고 섬세하게 빼내고, 다음 몇 달 동안 다른 쪽지를 끼울 자리를 만듭니다. 수거한 쪽지들은 버리지 않고 구시가지에서 멀지 않은 작은 언덕인 감람

산의 유대인 묘지에 묻습니다.

유대인들이 '서쪽 벽'이라고 불렀던 이 벽은 로마 점령기에 유대의 왕인 헤롯Herod 대왕이 세운 옹벽의 일부입니다. 유대교의 가장 성스러운 장소인 제2성전이 서 있던 언덕을 강화하기 위한 목적으로 기원전 19년에 공사가 시작되어 기원후 64년에 완공되었습니다. 기원후 70년, 티투스Titus 황제의 군대가 성소를 더럽히고 성전을 허물어버린 후 성전은 다시 재건되지 않았습니다. 유대인들에게 그것은 세상의 종말이었습니다. 원래 건축물에서 남은 것이라고는 헤롯이 세운 옹벽뿐이었고, 이 벽은 그 후 모든 유대인이 기도하는 장소이자 동시에 그들의 역사에서 가장 충격적이고 고통스러운 사건을 상기시키는 장소로 기려져왔습니다.

수세기 동안 사람들은 이 고대 민족의 디아스포라로 이어진 끔찍한 불행을 기억하며 이 벽에 가서 애도하고 기도했습니다. 순례자들이 이 고대의 돌에 손바닥과 이마를 대고 기도할 때 느껴지는 감정과 고통을 표현하기 위해 예루살렘의 주민들은 그것을 통곡의 벽이라고 불렀습니다.

중세 시대부터 순례자들은 조각, 낙서, 심지어 회반죽

에 찍은 손자국 등의 방문 흔적을 남기는 것이 일반적인 관행이었습니다. 고대의 돌을 돌이킬 수 없을 정도로 손상시킬 위험이 있기 때문에 시간이 흐르면서 이러한 관습은 금지되었고, 대신 돌들의 틈새에 작은 쪽지를 남기는 관습으로 대체되었습니다. 이 전통은 오늘날까지도 계속되고 있지만, 지금은 방문객이 너무 많아서 주기적으로 벽을 청소하여 다음 방문객이 쪽지를 넣을 수 있는 자리를 마련해주어야 합니다. 쪽지에는 기도나 도움을 구하는 말이 적혀 있습니다. 매우 개인적인 기원이 담겨 있으며, 종종 가족들의 고통과 비밀도 담겨 있습니다. 수많은 세대의 희망과 슬픔이 이 벽의 작은 틈새에 숨겨져 쌓여 있습니다.

이와 전혀 다른 유형의 벽에서도 비슷한 일이 일어납니다. 통곡의 벽보다 훨씬 덜 물질적이고 만질 수 없지만 엄청나게 오래된 벽입니다. 바로 우주 극초단파 배경 복사라는 벽이죠.

그 아주 먼 시기에 물질에서 분리된 빛은 그 충격적인 경험의 기억을 수십억 년 동안 간직해왔습니다. 자유의 희열을 처음으로 경험한 원시 광자는 여전히 우리 주변에 있으며 온갖 방향에서 우주를 채우고 있습니다. 시간이 흐르면서 온도는 3,000도에서 3도 이하로 떨어졌습니다. 이후 우주의 크기가 1,000배 이상 커지고 시공간이 늘어나면서 광자의 파장이 엄청나게 길어졌습니다. 이제 그들은 더 이상 적외선 주파수에서 진동하지 않으며, 그들의 노래는 훨씬 더 낮아지고 거의 들리지 않게 되어 결국 마이크로파 영역에서 이르렀습니다. 네, 그것은 우리가 부엌에서 무언가를 해동하기 위해 사용하는 것과 거의 동일한 복사입니다. 사실 다른 시스템과 에너지를 교환할 수 없는 전체 우주는 거대한 전제레인지처럼, 동일한 법칙을 따르는 거대한 흑체처럼 작동합니다.

놀라운 점은 우주배경복사의 광자 바다에는 특정 암석에서 발견되는 화석처럼 그 시대의 지울 수 없는 흔적이 각인되어 남아 있다는 것입니다. 분리되기 직전 물질과의 마지막 접촉은 뚜렷한 흔적을 남겼습니다. 그 흔적은 점차 희미해졌지만, 우리는 여전히 그로부터 귀중한 정보를 얻을 수 있습니다. 물질과 복사가 함께했던 시대로 거슬러 올라갈 수 있고, 실제로는 훨씬 더 멀리까지 거슬러 올라갈 수 있습니다.

시간을 거슬러 올라가 우주의 탄생인 빅뱅을 망원경을 통해 라이브로 목격하는 것은 모든 과학자의 꿈입니다. 우리는 빛을 통해서만, 즉 전자기복사의 광자를 통해서만 볼 수 있기에 이 꿈은 실현 불가능합니다. 태초로부터 38만 년이 지나면 넘을 수 없는 장벽이 생겨 그 이전에 일어난 일을 직접 볼 수 없기 때문입니다. 그러나 통곡의 벽과 마찬가지로, 이 벽의 작은 틈새를 통해 그 너머를 엿보고 귀중한 정보를 얻어낼 수 있습니다. 과학자들은 그것을 측정하고 해석함으로써 물질의 지배가 시작된 순간의 비밀을 이해할 수 있었고, 이와 더불어 그 이전에 있었던 모든 일에 대한 귀중한 정보를 수집했으며, 더 나아가 우주 급팽창의 시점인 첫 번째 대변화의 순간까지 다가갈 수 있었습니다.

아주 자세한 이야기

우주배경복사는 우주의 기원과 그 변화에 관한 가장 귀중한 정보원입니다.

1964년 펜지어스와 윌슨이 발견한 이후, 점점 더 정교한 실험을 통해 많은 양의 결과가 축적되었습니다. 우주배경복사는 광맥이 풍부한 광산과 같아서, 이미 우리에게 엄청난 양의 데이터를 제공했는데도 아직 발굴해야 할 부분이 많이 남아 있습니다. 그리고 우리는 아직 개발되지 않은, 매우 귀중한 정보를 담고 있는 숨은 광맥이 있다는 것도 알고 있습니다.

모든 방향에서 오는 저에너지 광자를 재구성하면 전체 하늘의 그림을 얻을 수 있고, 여기에서 상당한 양의 정보를 추출할 수 있습니다.

첫 번째 특징은 온도 분포가 극도로 균일하다는 것입니다. 우주배경복사는 이상적인 흑체 스펙트럼을 가지고 있으며 복사는 매우 미약하여 우주의 온도는 절대영도보다 2.72K 높습니다. 우주가 완전히 고립된 거대한 이상적인 오븐처럼 작동한다는 가설이 맞는 것 같습니다. 물질에서 분리된 후 수십억 년 동안 계속 냉각되어온 원시 광자는 38만 년 동안 물질과 열평형 상태였던 것을 여전히 기억하고 있습니다. 복사흐름은 모든 방향에서 균일하지만, 극히 작은 온도 차이를 보이는 작은 영역들도 있는데, 이들은 매우 특징적인 구조를 드러냅니다.

온도 분포의 이러한 불규칙성 또는 비등방성은 우주 탄생의 첫 순간에 일어난 일에 대한 귀중한 정보를 담고 있기 때문에 매우 자세하게 연구되어왔습니다. 마치 통곡의 벽의 갈라진 틈에 끼워진 쪽지와 같이, 우리에게 먼 이야기와 비밀을 들려줍니다. 그것들은 급팽창으로 인해 급격히 부풀어 오르기 전에 진공에서 나온 작은 거품에 파문을 일으켰던 양자 요동이 복사에 남긴 흔적입니다. 한때 극미했던 공간의 일부가 엄청난 크기로 팽창하여 전체 은하단의 영역을 덮고 있습니다. 2013년에 임무를 마친 플랑크 위성이 수행한 실험과 같은 최신 실험에 의해 재구성된 현란한 천체에서는, 양자역학의 영역이 은하계 규모까지 확장된 것을 볼 수 있습니다.

플랑크와 하이젠베르크의 이론이 무한히 작은 현상만을 설명한다는 오래된 편견은 관측 데이터를 통해 확실하게 극복되었습니다. 우주배경복사는 광자로부터 분리되던 당신의 물질 밀도에 대한 명확하고 읽기 쉬운 지도를 제공합니다. 모든 미세한 국소적 온도 차이는 광자가 마지막 확산을 겪는 순간, 즉 결정적으로 분리되기 직전의 물질 밀도 차이 때문일 수 있습니다. 이를 통해 우리는 은하의 첫 씨앗이 형성되는 거대한 우주 거미줄을 볼 수 있습니다.

작은 불균일성의 분포와 크기를 자세히 분석하면, 우주의 기하학적 구조에 대한 정보를 얻을 수 있습니다.

닫힌 우주나 열린 우주에서는 광자가 수렴 궤적이나 발산 궤적을 따라 흐르기 때문에, 아주 멀리 떨어진 물체의 이미지가 특징적으로 왜곡됩니다. 이러한 불균일성의 크기와 각도 분포로부터 우리는 우리 우주가 평평하다는 명백한 증거를 얻습니다. 이는 물질의 밀도가 임계 밀도에 매우 가깝다는 것을 의미합니다. 따라서 우주배경복사는 오늘날 우리가 정확히 확립할 수 있는 비율로 물질과 암흑 에너지의 존재를 추가로 확인시켜줍니다. 가장 최근의 데이터에 따르면 우주는 암흑 에너지 68%, 암흑 물질 27%, 일반 물질 5%로 구성되어 있습니다.

암흑 물질 때문에 휘어진 시공간으로 인한 이미지 왜곡 효과를 시뮬레이션을 하면 그 분포 지도를 재구성할 수 있습니다. 중력렌즈 효과를 통해 우리는 우주배경복사로부터 우주의 암흑 물질 분포에 대한 3차원 이미지를 얻을 수 있습니다. 이 미세한 우주 거미줄이 어떻게 짜여 있는지 자세히 알면 최초의 별과 은하가 형성되는 메커니즘을 더 잘 이해할 수 있습니다.

우주배경복사의 원시 온도 변동의 분포를 정량적으로 분석하면 초팽창에 대한 확실한 증거를 얻을 수 있습니다. 하지만 우리는 곧 우주배경복사의 편광측정에서 새롭고 더 완전한 결과를 얻을 수 있을 것으로 기대합니다.

복사의 편광은 전자기파가 특정 방향으로 진동하는지의 여부를 나타냅니다. 이는 폴라로이드 선글라스의 메커니즘과 동일합니다. 예를 들어 수면에서 태양 광선의 반사는 편광으로 구성됩니다. 즉, 반사된 광선의 전자기장은 수평면에서만 진동합니다. 이때 우리가 수직으로 진동하는 파동만 통과시키는 얇은 막인 수직 필터를 사용하면 성가신 반사들이 흡수됩니다. 편광 렌즈는 이러한 수직 필터가 내부가 부착된 유리나 플라스틱 렌즈로, 눈부심과 시각적 불편함을 유발하는 빛반사를 흡수하는 것입니다.

우주배경복사는 물질 매질과의 상호작용에 의해 편광되며, 따라서 우주의 역사에 대한 추가 정보를 전달합니다. 이 특성은 복사와 물질 사이의 마지막 접촉에 대해 더 많은 것을 알려줍니다. 선형 편광의 형태는 물질의 밀도와 연결될 수 있으므로, 예를 들어 분리되는 순간의 암흑 물질 분포에 대한 자세한 정보를 제공할 수 있습니다.

가장 최근의 실험은 이 약한 편광을 측정하는 데 성공해 중요한 결과를 얻었습니다. 아직 성공하지는 못했지만 가장 많이 탐색한 편광은 소용돌이 유형으로, 광자와 원시 중력파의 상호작용에 의해 생성되었을 것입니다. 그것은 효과가 훨씬 더 미묘한 매우 약한 편광인 데다가, 은하간 먼지로 인해 생겨나는 유사한 현상들에 의해 가려지기까지 합니다. 실험 물리학자들에게는 정말 악몽과도 같은 상황이죠.

광자와 중력파의 마지막 만남이 남긴 신호를 확인할 수 있다면 그것은 급팽창의 명백한 흔적이 될 것입니다. 과학자들이 수십 년 동안 찾으려고 노력해온 이 이상한 편광은 급팽창 단계의 많은 비밀을 담고 있는 상자를 여는 열쇠가 될 수 있을 것입니다. 예를 들어, 빅뱅 후 처음 1초도 안 되는 순간 동안 초기 요동이 생성되는 데 필요한 에너지 규모를 결정할 수 있을 것입니다.

과학자들의 화살통에는 급팽창을 더 잘 이해할 수 있는 다른 화살들도 있습니다. 급팽창을 촉발했을 수 있는 다양한 스칼라장을 구별하기 위해, 원시은하의 대규모 구조를 훨씬 더 정밀하게 연구하는 방법을 모색하고 있습니다. 그 분포는 급팽창 이후 우주배경복사에 새겨진 인플라톤장의 미세한 요동의 궤적을 따라야 합니다. 가능한 한 많은 원시은하 샘플을 수집하여 형성 중에 있는 가장 먼 은하를 관찰하는 것이 필요하며, 이것이 곧 우주에서 시작될 새로운 세대의 실험 목표입니다. 조만간 밝혀질 우주 중성미자와 우주 초기의 중력파의 도움으로 급팽창의 비밀이 곧 밝혀질 것입니다. LHC 데이터에서 새로운 스칼라가 추가로 발견되는 놀라운 일이 벌어지지 않는다면 말이죠.

빅뱅 이후 38만 년이 지난 우주는 매우 흥미로운 단계에 접어들고 있습니다. 일련의 변화를 통해 첫 번째 별이 탄생하려 하는 것입니다. 일부 물질은 역동적이며 격동적인 새로운 형태로 조직되어 우주를 비추면서, 감도가 낮은 우리 눈으로도 볼 수 있는 놀라운 광경을 선사할 것입니다. 별의 중심부에서 타오를 거대한 용광로에서 무거운 원소들이 탄생하여, 더 차분하고 덜 격동적인 다른 형태의 응집체를 생성할 것입니다. 행성입니다.

그리고 여기서 그 원소들은 암석, 공기, 물, 식물과 동물, 그리고 우리 자신으로 변할 것입니다. 우리가 말 그대로 별의 아이라는 것을 받아들이기 시작한다면, 급팽창에 의해 확장된 양자 요동의 증손자라는 사실도 받아들여야 할 것입니다. 그것이 없었다면 최초의 별들도 만들어질 수 없었을 테니까요.

다섯째 날

첫 번째 별에 불이 켜지다

THE
STORY
OF
HOW
EVERYTHING
BEGAN

GENESIS

물질의 시대는 이제 막 시작되었고 변화의 리듬은 점점 더 느려지고 있습니다. 지금까지 가장 약한 상호작용인 중력은 다소 주변에 머물러 있었습니다. 이제 중력은 존재감을 드러내기 시작합니다. 처음에는 섬세하고 거의 눈에 띄지 않을 정도지만, 곧 강력하게 무대 중앙을 장악하게 될 것입니다.

물질과 복사가 분리되며 세상은 더 명확해졌습니다. 복사는 공간에 고르게 분포되었고 우주는 투명해져 빛이 통과할 수 있게 되었습니다. 그러나 마지막 변화를 표시하던 빛은 팽창으로 인해 파장이 가시광선의 범위를 넘어 늘어나면서 이제 희미해져 사라졌습니다. 우주는 복사로 가득 차 있고 여전히 매우 뜨겁지만, 다시 완전한 어둠 속으로 빠져들었습니다. 물질은 중력의 작용으로 천천히 움직이고 있으며, 수소와 헬륨의 거대한 구름을 형성하는 원자로 안정화됩니다. 이미 일반 물질보다 훨씬 더 풍부한 암흑 물질의 거대한 거미줄이 어둠의 보호를 받으며 우주를 뒤덮고 있습니다.

급팽창 이전 양자 요동의 산물인 암흑 물질 밀도의 작은 이상 현상은 엄청나게 확장되었고, 이제 그 주변에서 무언가가 일어나고 있습니다. 만일 우리가 모든 것을 가리는 어두운 베일 너머를 볼 수 있다면, 느리지만 끈질기게 가스가 두꺼워지는 모습을 볼 수 있습니다. 윤곽이 고르지 않은 이 불규칙한 영역은 평균보다 밀도가 약간 더 높고, 그 결과로 발생한 중력이 더 많은 물질을 끌어당깁니다. 이런 식으로 점점 큰 덩어리가 만들어지고, 이런 일이 계속되면서 물질의 분포는 더 뚜렷한 구형 대칭이 됩니다.

이 매우 느린 과정은 수억 년이 걸립니다. 그러나 그 진행 속도는 거의 감지할 수 없다 해도, 중력의 진행은 가차 없습니다. 막 형성된 물질 우주에 대한 중력의 지배는 그 어떤 것도 방해할 수 없습니다.

불규칙한 부분을 중심으로 방대한 가스가 모여들어 응집됩니다. 여기저기서 태양보다 적어도 100배 이상 무거운 엄청난 질량의 구형 물체가 발견되기 시작합니다.

이들로부터 발생하는 중력은 엄청나게 강합니다. 가스를 압축하여 시스템 중앙으로 더욱 격렬하게 끌어당기고, 이 과정에서 수소가 가열되고 이온화됩니다. 이 거대한 천체는 이제 외부 가스층과 가장 안쪽의 뜨거운 플라즈마로 구성되어 있습니다. 중력의 가차 없는 힘으로 인해 물질의 온도는 수천만 도에 도달하여 수소핵과 그

동위원소 사이의 핵융합을 일으킵니다. 이 반응은 엄청 난 양의 열을 발생시키고, 이 열은 광자와 중성미자의 형 태로 사방으로 퍼져나갑니다. 가장 깊은 어둠 속에서 눈 부신 가시광선 섬광이 번쩍입니다. 우주는 여전히 어둠 에 싸여 있지만, 이 새로운 빛은 이제 막 엄청난 거리를 가로지르기 시작했습니다. 곧 무수히 많은 다른 광원들 이 이에 합류하여 사방을 비추게 될 것입니다.

이렇게 다섯째 날이 되어 2억 년이 지나고 첫 번째 별 이 탄생했습니다.

그래서 우리는 다시 별을 보러 나왔다

우리는 밖으로 나와 별들을 보았다.

단테가 《신곡》 '지옥' 편을 마무리하기 위해 선택한 이 구절보다 더 강력한 것은 없습니다. 이는 태초부터 인류 가 별이 총총한 밤하늘을 바라보며 느꼈던 위안의 감정 을 증류한 것입니다. 자코모 레오파르디Giacomo Leopardi 의 시도 똑같은 마음의 상태를 노래하고 있습니다.

희미한 곰 별자리야, 난 몰랐어,

아버지의 반짝이는 정원에

다시 돌아와 널 보게 될 줄은.

캄캄한 지옥에서 고뇌와 고통스러운 육체를 감춘 어둠의 두려움과 위험을 지나온 후, 또는 상상했던 것과 다른 삶에 대한 쓰라린 성찰의 절정에서, 하늘의 움직이지 않는 별을 바라보면 괴로움이 달래지고 마음이 가라앉습니다. 별이 빛나는 하늘은 언제나 한결같은 모습으로 변화와 파국에 대한 두려움으로부터 우리를 보호하고, 안정에 대한 우리의 어린아이 같은 욕망을 어루만져주며 우리를 달랩니다.

하지만 이 경이로운 별의 가장 깊은 층을 휘젓는 메커니즘을 자세히 들여다보면, 거기에는 이보다 더 불안정하고 격동적인 시스템을 찾기 어려울 정도로 엄청나게 폭력적인 물질적 과정이 존재한다는 것을 알게 됩니다.

우리 태양은 지구보다 반지름이 100배나 더 커서 우리에게 거대해 보입니다. 그러나 태양은 중소형 항성인 황색왜성으로 우리 은하계에 존재하는 수많은 별 중 하나일 따름입니다. 태양의 거의 100배에 달하는 질량을 가진 괴물인 용골자리 에타Eta Carinae와 같은 거대한 별과는 다르죠. 하지만 앞으로 살펴보겠지만, 별의 세계에서는 크기가 작은 것에 진화적으로 중요한 이점이 있습니다.

태양은 주로 수소와 헬륨으로 구성된 백열 플라즈마의 거의 완전한 구체이며, 자기장이 있고 25일마다 자전합니다. 표면 온도는 6,000도에 가깝지만 내부는 100만 도가 넘습니다. 이 엄청난 에너지의 원천은 이온화된 가스로 이루어진 거대한 공의 중심부에서 작동하는 메커니즘에 있습니다. 물질의 엄청난 농도가 거대한 중력을 생성해 플라즈마층을 압축합니다. 깊은 층으로 갈수록 온도는 점점 더 높아져, 별의 중심부는 1,500만 도를 넘어서고, 이러한 환경에서 열핵융합반응이 촉발됩니다.

2개의 가벼운 핵이 융합하는 과정에서는 엄청난 양의 에너지가 생성됩니다. 최종 결합 상태는 처음 두 핵보다 가볍고 그 질량 차이는 반응에 의해 발생하는 에너지로 변환됩니다.

문제는 이를테면 두 개의 양성자 또는 수소핵을 융합하는 일이 전혀 간단하지 않다는 것입니다. 둘 다 양전하를 띠고 있기 때문에 서로 접촉하려고 할 때 격렬하게 반발하여, 중력의 끌어당기는 힘이 전자기 반발력을 이기는 거리까지 서로 밀어냅니다. 이는 극도의 고온과 압력 조건에서 발생하는 충돌을 이용해야만 가능한 일입니다.

태양 내부에서는 중력의 엄청난 압력으로 인해 그러한 조건이 마련됩니다. 더 정확히 말하면, 현상을 촉발할 수 있을 만큼 충분히 가까워집니다. 양성자의 대부분은 융합에 참여하지 않습니다. 양자 요동의 효과로 인해 퍼텐셜 장벽을 극복할 수 있는 극미량만 융합이 일어납니다. 이 현상이 영향을 미치는 수소의 질량은 엄청난 양의 에너지를 생산할 수 있을 만큼 충분히 크지만, 별이 수십억 년 동안 빛을 발할 수 있을 만큼 충분히 작습니다.

태양의 중심부에서는 수소핵과 그 동위원소인 중수소 및 삼중수소가 함께 융합하여 헬륨핵을 형성합니다. 반응에 의해 방출된 에너지는 고에너지 중성미자와 광자의 형태를 띱니다. 중성미자는 거대한 백열 구체를 부드럽게 통과하고 우주의 가장 먼 곳까지 자유롭게 날아갑니다. 광자도 같은 일을 꿈꾸지만, 끝이 없어 보이는 포로 상태로 남아 있습니다. 광자는 주변의 초고밀도 물질을 통과하면서 충돌을 일으키고 도중에 만나는 물질에 의해 계속해서 흡수되고 다시 방출됩니다. 그 결과 광자는 에너지가 감소하고 처음의 방향을 잃게 됩니다. 광자는 이 굴레에서 벗어나기 전까지 같은 일을 무수히 되풀이하며 이 지옥 같은 미로에서 수백만 년 동안 헤맬 것입니다. 그러다 어느 날, 이제 모든 희망을 잃었을 때, 광자는 거의 우연히 표면 위로 올라와 마침내 자유를 얻게 될 것입니다. 이제부터 그들은 끝없이 먼 곳까지 여행할 수 있게 될 것입니다. 빛의 속도로 멀리 날아가며 주변의 모든 것을 따뜻하고 밝게 비출 것입니다.

열핵반응은 전체 시스템을 위태로운 평형상태로 유지합니다. 태양 깊숙한 속에서는 중력과 강력 사이에 불균등한 싸움이 벌어지고 있습니다. 오랫동안 무시되어 온 가장 약한 상호작용은 복수에 나서 자신을 무시하던 강한 상호작용을 대결로 몰아넣습니다. 주변을 떠돌던 수소를 모두 불러 모아 태양의 완벽한 구형으로 조직화한 후에, 자신이 무적임을 깨닫고는 전투의 함성을 지릅니다.

무시무시한 압력이 물질을 부수고 그것을 기본 구성요소로 산산이 부수려고 합니다. 갇혀서 핵융합을 강요당한 양성자들은 순간적으로 자신의 운명에서 벗어납니다. 헬륨핵의 형성으로 방출되는 엄청난 양의 열로 인해 플라즈마가 팽창하고 중력의 당기는 힘에 대항하려고 합니다. 조만간 수소가 고갈될 것이기 때문에 본질적으로 불안정한 평형 상황이 만들어지지만, 이 싸움은 수십억 년 동안 지속될 수 있습니다.

대류, 커다란 소용돌이, 거대한 플라즈마 제트로 황폐화된 이 가장 격동적인 환경은, 멀리서 보는 우리에게는 이롭고 안심할 수 있는 별처럼 보일 것입니다. 그리고 지구의 모든 사람들은 그것을 세상을 떠받치는 질서의 기둥으로 찬양할 것입니다.

수천 년 동안 우리는 그 안에서 벌어지는 격렬한 투쟁을 알지 못할 것입니다. 그것은 장대한 규모의 전투이지만 결론은 이미 예견되어 있습니다. 우리는 이미 승자의 이름을 알고 있고 패배가 닥쳤을 때 상대의 붕괴가 재앙이 될 것임을 알고 있기 때문입니다.

크로노스가 이끄는 타이탄과 제우스를 위시한 올림포스 신들의 싸움은 10년 동안 계속되었습니다. 제우스는 키클롭스가 만든 새로운 무기인 번개를 가지고서, 그리고 그의 동맹이었던 100개의 손을 가진 거인 헤카톤케이레스의 투석의 도움으로, 타이탄들을 물리치고 타르타로스의 깊은 어둠 속으로 던져 넣었습니다. 태양의 중심을 전장으로 하여 벌어지는 중력과 강한 핵력 사이의 사투는 훨씬 더 오래 지속될 것입니다. 가용 수소를 소비하는 데 100억 년이 걸리겠지만, 그렇게 되면 중력에 대항할 수 있는 것은 아무것도 없고 대재앙이 뒤따를 것입니다.

메가스타의 영웅시대

빅뱅 이후 2억 년이 지나고 우주에서 처음으로 빛을 발한 별들은 매우 특이한 별들이었습니다. 태양보다 100~200배나 큰 거대한 별이었을 것으로 생각되어 메가스타라고 불립니다. 이 별들은 암흑 시대의 깊은 어둠 속에서 형성되었으며, 필요한 엄청난 양의 수소를 모으는 데 수천만 년이 걸렸습니다. 우주의 먼 구석에서 여전히 빛을 발하는 이 별들을 찾기 위한 사냥이 계속되고 있지만, 아직까지 별다른 성과를 거두지 못했습니다.

재결합 후 우주의 일반 물질은 이제 원자로 구성되어 완전히 중성이며 여전히 냉각 중입니다. 중력은 거대한 가스 구름을 감싸고 있는 암흑 물질 분포에서 가장 밀도가 높은 마디 주위로 암흑 물질을 천천히 집중시킵니다. 불규칙한 부분은 중력이 더 강한 영역으로 바뀌어 점점 더 거대한 물질 덩어리를 형성합니다.

원시 메가스타는 고립되어 생긴 것이 아니라 여러 그룹으로 모여 대가족으로 조직됩니다. 이 국지적으로 고르지 않은 공간 분포는 이후 은하 형성에 반영될 것입니다.

그것들은 크기 때문만이 아니라 오직 수소와 헬륨으로만 이루어져 있기 때문에 오늘날의 별과는 매우 다릅니다. 메가스타에는 더 무거운 원소가 전혀 없습니다. 이유는 단지 그런 원소들이 아직 형성되지 않았기 때문이죠. (은하와 형성과 같은 더 복잡한 구조의 탄생과 진화에 없어서는 안 될 구성 요소인) 탄소, 질소, 산소 핵의 합성은 이 새로운 천체들의 가장 안쪽 층에서만 일어날 것입니다.

원시별들의 긴 세대의 후예인 태양과 같은 왜성에는 이러한 원소들이 존재하지만, 양성자-양성자 사슬이 지배하는 핵 과정에는 그다지 참여하지 않습니다. 반면, 태양보다 무겁고 내부 압력과 온도가 훨씬 높은 별은 더 무거운 원소를 사용하여 다른 핵융합반응을 일으킬 수 있습니다. 특히 충분히 높은 온도에서는 탄소, 질소, 산소의 핵이 수소 핵융합의 촉매 역할을 하여 그 효율을 높일 수 있습니다. 이 같은 과정은 현재 우주에서 가장 큰 별의 크기를 제한합니다. 태양의 약 150배가 넘는 질량에서는 탄소-질소-산소 사슬과 연결된 핵반응이 매우 빠른 속도로 일어나 별 구조가 빠르게 파괴될 수 있습니다.

그러나 이 제한은 메가스타에는 적용되지 않습니다. 양성자-양성자 사슬의 반응속도만으로도 태양 질량의 300배를 초과하는 괴물이 만들어질 수 있기 때문입니다. 그러나 별의 크기가 클수록 연료는 더 빨리 소모됩니다. '작은 것이 아름답다'는 말은 별에도 적용됩니다. 작은 별에는 상당한 이점이 있기 때문이죠. 태양은 수십억 년에 걸쳐 천천히 타오를 수 있지만, 초거성의 수명은 기껏해야 100만 년으로 매우 짧습니다.

빅뱅 이후 2억 년이 지난 초기 우주에서 빛나기 시작한 슈퍼스타들은 매우 밝고 위풍당당하지만 수명이 짧은 별입니다. 그들은 자신의 빛으로 어둠의 시대를 종식시켰지만, 봄날의 반딧불이처럼 덧없는 존재들입니다.

메가스타는 세대에서 세대로 서로를 계승하며, 수명이 다하면 폭발하여, 그들의 거대한 핵 도가니에서 만든 새로운 형태의 물질을 사방에 흩뿌립니다. 이런 식으로 우주는 탄소, 산소 및 질소와 같은 원소로 풍부해지고 이와 더불어 점점 더 무거운 다른 원소들도 생겨나 이들이 다음 세대 별들의 핵반응을 변화시킬 것입니다. 메가스타가 우주에 뿌린 물질을 사용하는 별들은 거대한 조상보다는 작고 덜 밝지만, 더 오래 살 수 있어서, 아주 긴 시간이 드는 복잡한 변형을 일으킬 수 있을 것입니다.

쥐라기 시대의 거대한 파충류가 더 작고 민첩한 포유류에게 자리를 내준 것처럼, 메가스타는 수억 년 안에 소멸하고 더 작지만 더 잘 생존할 수 있는 새로운 세대의 별들에게 자리를 내줍니다.

최초의 별이 형성되었던 이 어둡고 조용한 시대에서 오는 신호를 모으는 것은 현대 전파 천문학이 직면한 과제 중 하나입니다. 응집하여 슈퍼스타가 될 거대한 가스 구름에서 방출되는 복사는 '21cm 중성수소선'이라고 알려진 것입니다. 이것은 극초단파 영역에서 수소가 방출하는 매우 특징적인 전자기 신호입니다. 이 신호를 감지하면 우리가 암흑시대의 어둠을 뚫는 데 성공했다는 확실한 증거가 될 것입니다. 이것은 수소 원자의 금지된 전이에서 발생하는 매우 희미한 신호로, 엄청난 양의 가스를 조사해야지만 관찰할 수 있는 매우 드문 현상입니다. 전파 천문학자들은 우리 은하의 거대 수소 성운을 조사하여 이를 재구성했지만, 우주의 배경 소음 속에서 그것을 식별해내려는 시도는 모두 실패했습니다.

그것이 발견된다면 우주배경복사와 유사한 지도를 재구성할 수 있을 것이고, 암흑시대의 물질 분포에 대한 매우 정확한 그림을 얻게 될 것입니다. 그 신호를 통해 슈퍼스타의 형성 메커니즘을 자세히 알 수 있고, 재이온화 단계가 은하 형성에서 어떤 역할을 했는지 더 잘 이해할 수 있을 테니까요.

거대한 원시별들의 격렬한 삶과 죽음의 순환과 더불어 새로운 현상이 타나납니다. 새로운 천체들이 방출하는 빛이 너무 강렬해서, 주변 공간에 분포된 수소에 부딪히면 가스의 원자들을 이온화하여 전자를 벗겨냅니다. 이 현상은 눈부신 섬광을 내며 핵연료가 다했음을 알리는 메가스타의 죽음에서 훨씬 더 격렬합니다. 천천히 우주에 존재하는 물질의 대부분이 완전히 이온화되기 시작하여, 빅뱅으로부터 38만 년 후인 재결합이 일어났을 때의 상태로 돌아가고, 불투명도가 점진적으로 증가합니다. 이 시기는 최초의 메가스타가 등장한 지 수억 년 후에 시작되는 재이온화 시대입니다.

끝이 없을 것 같은 어둠과 빛이 계속 교대하면서 오랜 시간에 걸쳐 우주는 다시 어두워져갑니다. 이제 우주는 거대하고 매우 밝은 별들로 가득 차 있지만 더 이상 투명하지 않습니다. 자유전자는 별에서 방출하는 광자와 상호작용하여 광자를 약하게 만들고 붙들어두어 멀리까지 빛을 보내지 못하게 합니다. 우주는 다시 한번 완전한 어둠 속으로 빠져듭니다.

이 과정은 모든 수소 가스가 이온화되는 데 걸리는 시간인 수억 년 동안 계속될 것입니다. 이제 물질은 플라즈마 상태로 되돌아갔고, 불투명의 시대를 일으킨 것과 유사한 이 상태는 이론상으로는 생성된 모든 빛을 흡수할 수 있습니다. 그러나 우주는 계속해서 팽창하고, 밀도는 점점 감소하여 이온화 과정이 끝나고 모든 것이 다시 투명해지는 지점까지 낮아집니다. 그때부터는 이온화된 뜨거운 가스가 온 우주에 퍼져 있기는 하지만, 그 밀도가 너무 낮아 빛이 통과할 수 있습니다.

마침내 우주가 첫 10억 년을 맞이하기 전에 빛이 어둠을 이겼습니다. 아주 힘든 싸움이었고, 때때로 어둠에 의해 영원히 짓밟힐까봐 두려운 순간도 있었습니다. 그러나 빛이 이겼고, 그 승리는 최종적인 것이 될 것입니다.

놀라운 우주 불꽃놀이

메가스타 내부에서 촉발된 핵 공정은 점점 더 무거운 원소의 형성으로 이어졌습니다. 탄소, 질소, 산소에서 철에 이르는 나머지 모든 원소는 중력에 갇혀 가장 안쪽 층에서 천천히 축적되었습니다. 수명이 끝날 무렵, 이 거대한 별의 구조는 엄청난 폭발로 산산조각이 나 모든 것이 주변 공간으로 분산되었습니다. 많은 주기를 거친 후, 많은 종류의 금속을 포함해 무거운 원소가 풍부한 이 별 먼지로부터, 태양과 지구 같은 다른 별과 행성이 탄생합니다.

별이 죽어 놀라운 장관을 연출하는 격렬한 단계는 태양계 형성에 결정적인 역할을 합니다. 자세히 설명할 가치가 있죠. 별의 종말은 주로 별의 질량에 따라 달라집니다. 질량이 태양의 10배가 되는 무거운 별은 내부 밀도와 온도가 엄청나게 높아집니다. 이러한 괴물의 중심부에서는 온도가 수십억 도를 훨씬 넘어 모든 원소가 융합 반응을 일으킵니다. 시간이 지남에 따라 수소와 헬륨 같은 가벼운 성분은 소진되고, 탄소, 질소, 산소 등 더 복잡한 반응에 의해 생성된 무거운 원소들이 녹기 시작합니다. 실리콘이 녹고 철이 생성되면 공정은 멈춥니다. 그 이상의 반응은 일어날 수 없고, 이제 에너지를 생산하는 별의 심장은 비극적으로 붕괴됩니다.

중력이 가차 없이 끌어당김에 따라 중심핵은 갑자기 수축하여 크기가 수십만 배로 줄고 별은 폭발합니다. 핵을 둘러싼 모든 층은 공중에 떠 있다가, 작고 엄청나게 압축된 물체가 된 핵을 향해, 맹렬한 중력의 힘에 의해 급강하합니다. 핵에 무시무시한 충격이 가해지고, 그에 따른 핵반응으로 모든 물질이 바깥으로 튕겨집니다. 다수의 태양 질량과 맞먹는 거대한 가스 덩어리가 만들어 내는 엄청난 충격파는 초당 10,000km 이상의 속도로 우주에 전파되어 수세기 동안 볼 수 있는 상태를 유지합니다. 무겁고 화학적으로 다양한 원소가 풍부한 이 가스 구름은 먼 거리까지 도달해 새로운 응집체의 기본 재료가 될 것입니다.

제우스의 힘이 타이탄들을 심연으로 던져버린 것처럼, 중력은 자신의 승리를 막아왔던 핵력에 대항하느라 보낸 세월에 분노하여 복수에 돌입합니다. 별을 찢고 그 파편을 무시무시한 속도로 우주 공간으로 내던지며, 소름끼치는 침묵의 비명으로 자신의 승리를 축하합니다.

눈부신 빛의 섬광이 하늘을 가로지릅니다. 그 빛은 너

무도 밝아 언젠가 수천 광년 떨어진 순진한 지구인들이 이 빛을 보게 되면, 갑자기 하늘에 나타난 이 빛나는 점이 별의 죽음이 아닌 새로운 별의 탄생을 알리는 것이라고 생각하게 되어 이를 '새로운 별', '초신성'이라고 부를 것입니다. 이러한 놀라움은 보편적인 것이어서, 이 현상은 보는 이의 상황과 편의에 따라 불운의 징조나 행운의 징조로 여겨져 연대기에 기록될 것입니다.

뼈의 칼슘, 물의 산소, 헤모글로빈의 철분 등 우리 몸을 구성하는 모든 핵은 이 격렬하고 무시무시한 과거를 겪었습니다. 이제 그것들이 형성한 원자들은 우리의 생존을 보장하는 화학적, 생물학적 반응에 온순하게 복종합니다. 그들이 모험적인 어린 시절의 이야기를 우리에게 들려줄 수 있다면, 혹은 그 충격적인 출생의 악몽이라도 들려줄 수 있다면 좋을 텐데요. 별의 심장에서 극도로 높은 온도와 압력의 조건에서 처음 생겨난 뒤, 엄청난 속도로 절대적 허공 속으로 내던져져 수십억 년 동안 응집이 일어나기를 기다리던 이야기를 말이죠.

초신성 폭발은 우주에서 가장 파국적인 현상 중 하나이며 별의 역학과 은하의 구성에 대한 귀중한 정보를 제공합니다. 이 현상은 다양한 형태로 엄청난 양의 에너지를 방출합니다. 대부분의 에너지는 중성미자의 형태로 방출되는데, 초신성이 폭발할 때마다 이 가벼운 입자의 엄청난 흐름이 온 우주를 비춥니다. 다행히도 중성미자는 온화하고 섬세하여, 지구를 통과할 때 남기는 유일한 흔적이라고는 중성미자 전용 대형 검출기에 잡히는 무해한 신호 몇 개뿐입니다. 에너지의 주요 부분은 주변 물질을 밀어내는 충격파의 가속에 사용됩니다. 나머지는 중력파와 온갖 주파수의 전자기복사에 사용됩니다. 이 빛은 우리에게도 보이는 가시광선을 생성하지만, 무엇보다도 고에너지 광자와 X선과 감마선의 섬광으로, 충격파에 의해 가속된 하전입자와 함께 아주 멀리 내던져집니다. 이러한 현상은 몇 주 또는 몇 달 동안 지속됩니다. 어떤 경우는 가스 구름에서 생성된 방사성 동위원소의 붕괴와 연관되어 수십 년 동안 지속되기도 합니다.

초신성 폭발은 우리가 상상할 수 있는 가장 놀라운 자연의 광경 중 하나이지만, 너무 가까이에서 일어나지는 않는 것이 좋습니다. 이 방사선의 영향은 지구에 서식하는 모든 종은 아니더라도 많은 종에게 치명적일 수 있기 때문이죠. 다행히 불꽃놀이가 예견되는 거대한 별은 매우 드물고, 모두 우리에게서 아주 멀리 떨어져 있습니다.

우리에게 가장 가까운 것은 베텔게우스Betelgeuse라는 붉은 별로, 오리온의 허리띠 바로 위쪽에서 육안으로도 볼 수 있습니다. 베텔게우스는 태양보다 열 배나 무거운 적색 초거성이며 지름이 엄청나게 큽니다. 이 별을 태양이 있는 곳에 놓으면 거의 목성 궤도까지 차지할 만큼 커다란 별입니다. 이 별은 수명이 다해가고 있습니다. 수명이 백만에서 이백만 년 정도밖에 남지 않았을 것으로 예상되며, 이 별이 폭발하면 장관을 이룰 것입니다. 그 빛은 몇 달 동안이나 밤을 밝혀 마치 보름달이 계속해서 떠 있는 듯할 것입니다. 그러나 베텔게우스가 만들어낼 거대한 불꽃놀이는 지구인들에게 아무런 위험이 되지 않을 것입니다. 다행히도 별이 약 600광년 떨어진 먼 거리에 있기 때문에, 지구의 사람들은 더없이 안전하게 이 광경을 즐길 수 있을 것입니다.

그러면 우리 태양은 어떻게 끝날까요? 엄청난 대폭발을 일으키기에는 너무 작지만, 작별의 순간이 오면 우리 별도 꽤 괜찮은 공연을 할 것입니다. 이 이벤트는 오랜 시간 뒤에 열릴 테니 걱정할 필요는 없습니다. 태양의 수소 공급이 앞으로 50~60억 년 동안은 충분할 테니 당분간은 문제가 없을 것입니다. 수소가 고갈되면 더 무거운 원소에서도 반응이 시작되고, 그때부터 내핵이 가열되고 태양의 부피가 커져 적색 거성이 될 것입니다. 태양의 크기는 빠르게 확장되어 수성, 금성, 지구를 차례대로 증발시켜버릴 것입니다. 이런 일을 너무 걱정할 필요는 없습니다. 그보다 훨씬 전에 태양의 힘이 약 40% 증가할 것이고, 지구는 극지방의 빙하가 모두 사라지고 모든 바다가 증발해 그 어떤 생명체도 살 수 없게 될 테니까요.

수명을 다한 태양은 가장 바깥쪽의 가스층을 방출해버리고 행성상성운으로 변할 것입니다. 천천히 가장 안쪽 핵의 외피가 벗겨져 지구와 비슷한 크기의 매우 뜨겁고 빛나는 고밀도의 물체, '백색 왜성'이 될 것입니다. 즉, 완전히 이온화된 탄소와 산소 핵으로 이루어진 작고 빛나는 물체가 나타날 것이고, 이 작은 물체는 전자들이 밀집한 방패의 보호를 받아 더 이상의 중력붕괴를 겪지 않을 것입니다. 이 작은 별은 흑색 왜성이 될 때까지 아마도 수백억 년 동안 계속 식어갈 것입니다. 아무에게도 보이지 않고 과거 영광의 흔적은 어디에도 남지 않은 죽은 물체가 될 것입니다.

태양보다 훨씬 큰 별은 핵연료가 고갈되면 훨씬 더 이색적인 천체로 변합니다. 질량이 태양의 10~30배인 경우, 밀도가 극도로 높은 중성자별이 형성됩니다. 반지름 10~20km의 이 작은 구체는 질량이 태양의 1.5배에 달합니다.

중성자별은 중력붕괴가 너무 격렬하여 구성 원소의 모든 핵이 산산조각 나 양성자와 중성자 곤죽이 됩니다. 백색 왜성에서 보호막 역할을 하는 전자들의 가스는 여기서는 순식간에 짓이겨집니다. 이러한 거대한 천체에서는 중력의 힘이 너무 커서 전자와 핵 물질이 압축되어 양성자에서 포획 반응을 촉발할 정도이며, 양성자는 모두 중성자로 변합니다. 그리하여 거대한 원자핵과 유사한 엄청난 밀도의 극도로 조밀한 물체가 형성되는데, 이 물체는 강력에 의해 서로 단단히 뭉쳐진 중성자들로만 이루어져 있습니다. 에베레스트와 같은 크기의 산 덩어리가 티스푼 하나에 담길 정도로 밀도가 높은 물질입니다.

더욱 인상적인 것은 이 작은 구체가 무서운 속도로 자전한다는 점입니다. 중성자별은 한 번 회전하는 데 1초도 안 걸리는 것으로 확인되었습니다. 초당 수백 회 회전하는 이 별의 표층은 초당 5만km를 쉽게 넘을 수 있는 속도로 움직입니다.

이 현상은 붕괴하는 동안 발생하는 엄청난 수축으로 인해 발생합니다. 모항성의 느리고 평화로운 자전운동은 각운동량보존의 법칙에 의해 가속화됩니다. 원래 자전주기는 몇 주 또는 몇 달 단위였지만 반지름이 수백만 킬로미터에서 수십 킬로미터로 줄어들면 빈도수가 초당 수백 회전으로 증가합니다. 피겨스케이팅 선수가 갑자기 팔을 가슴에 모으면 턴이 훨씬 더 빠르고 화려해지는 것과도 같죠. 중력붕괴와 관련된 급격한 크기 축소는 원래의 자기장도 엄청나게 증폭시킵니다. 커다란 별을 둘러싸고 있던 거대한 힘의 선lines of force이 이제 작고 조밀한 핵 주위로 밀착되어 밀도가 폭증합니다. 중성자별은 일반 별보다 수십억 배나 강한 자기장을 생성합니다.

중성자별의 자기축이 자전축과 완벽하게 일치하지 않으면 별 표면에 자유롭게 남아 있던 전자와 양전자는 극을 향해 가속되어 별과 같은 빈도로 회전하는 강력한 전자기복사선을 생성합니다. 지구가 이 매우 특별한 라디오 방송국의 방출 원뿔 안에 있으면, 우리는 빛 대신 전파를 방출하는 일종의 강력한 등대, 극도로 정밀한 시계, 매우 규칙적인 펄스의 라디오 신호로 기록할 수 있습니다. '펄서'를 발견한 것이죠.

블랙홀의 특이점

별의 질량이 태양의 30배 이상으로 정말로 엄청나게 큰 경우에는 붕괴의 결과로 '블랙홀'이 형성됩니다. 중성자조차도 중력의 힘을 견디지 못하고 산산조각이 나며, 기본 구성 성분조차도 너무 압축되어 사실상 극소량의 부피에 남은 질량이 다 집중됩니다.

이런 식으로 우리가 모르는 물리법칙이 적용되고 직경이 불과 수십 킬로미터인, 작고 접근할 수 없는 공간에 5~50개의 태양 질량을 담을 수 있는 시스템이 생깁니다.

아마도 가장 흔한 악몽 중 하나인 바닥이 없는 구덩이로 끝없이 떨어지는 꿈을 떠올리게 하기 때문이거나, 아니면 우리 조상들이 사나운 짐승에게 찢겨 잡아먹히는 경험에서 비롯된 두려움을 먼 과거로부터 물려받았기 때문에, 블랙홀에 대한 이야기는 곧바로 어떤 공포를 불러일으키는지도 모르겠습니다.

몇 년 전까지 만해도 블랙홀에 대해서는 기껏해야 수천 명의 전문가들만이 관심을 가졌습니다. 그들은 학술회의에서 이 주제에 대해 논의할 때, 곧 그러한 이국적인 주제에 대해 대중의 관심이 폭발적으로 증가할 것이라는 사실을 전혀 알아채지 못하고 있었습니다.

하늘에 '어두운 별'이 있을 수 있다는 생각을 처음 떠올린 것은 적어도 몇 세기 전의 일입니다. 1783년, 자연철학자이자 당대의 저명한 과학자였던 존 미첼John Mi-chell 목사가 처음으로 그러한 가설을 세웠습니다. 뉴턴이 만든 빛의 미립자론을 바탕으로 미첼은 표면에서 방출되는 빛을 영원히 가두어놓을 정도로 매우 강한 중력을 만들어내는 매우 조밀하고 무거운 별을 쉽게 상상할 수 있었습니다. 빛의 입자들은 지구에서 던진 돌처럼 포물선을 그리며 원래의 높이로 되돌아갈 수밖에 없는 궤적을 그리게 될 것입니다.

미첼의 아이디어는 시대를 너무 앞서갔기 때문에 거의 200년 동안 아무도 그것을 진지하게 받아들이지 않았습니다. 첫 돌파구는 1916년에 찾아왔습니다. 아인슈타인이 일반상대성이론을 막 발표했을 때였죠. 제1차세계대전에 참전해 러시아 전선에서 포병대 지휘관으로 싸웠던 독일 물리학자 카를 슈바르츠실트Karl Schwarzschild가 역사에 길이 남을 그 논문을 받아보게 됩니다. 슈바르츠실트는 단기간에 다른 좌표계를 사용하여 아인슈타인 자신도 대략적인 해를 구하는 수준에 머물러 있었던 방정식의 정확한 해를 찾는 데 성공했습니다.

이 새로운 접근 방식에서 시공간은 구형 대칭을 띠었으며 각 질량에 대해 슈바르츠실트 반지름이라고 하는 반지름을 정의할 수 있게 되었는데, 그 아래에서는 어떤 특이점이 발생하게 됩니다. 여기서는 시공간 곡률이 매우 커서 광자도 빠져나갈 수 없을 정도입니다. 이 해는 너무나 이상해서 아인슈타인이나 슈바르츠실트 자신도 이 수학적 공식 뒤에 새로운 종류의 천체가 숨어 있을지도 모른다는 사실을 감히 상상조차 하지 못했습니다.

'블랙홀'이라는 용어는 1960년대에 이르러서야 비로소 등장합니다. 1967년 미국의 물리학자 존 휠러John Wheeler가 강한 아이러니를 담아 블랙홀이라는 표현을 만들었습니다. 그는 블랙홀이 실제로 존재하는 천체일 수 있으며 새로운 연구 분야가 열리고 있다는 사실을 최초로 직감한 사람이었습니다. 그 이후로 현대 천체 물리학은 블랙홀에 대한 연구와 블랙홀의 존재를 시사하는 모든 가능한 징후를 찾는 데 노력을 기울였습니다.

1970년대에는 로저 펜로즈Roger Penrose와 스티븐 호킹의 근본적인 이론적 공헌이 있었고, 블랙홀 후보에 대한 최초의 간접 관측이 이루어졌습니다. 블랙홀 후보 목록은 대부분의 타원형 또는 나선형 은하의 중심에 초거대 질량 블랙홀이 존재한다는 놀라운 발견이 이루어질 때까지 해마다 증가했습니다. 마침내 2015년 미국 LIGO(레이저 간섭계 중력파 관측소)의 대형 간섭계가 태양 질량 30배 정도의 블랙홀 간의 충돌로 인해 발생한 중력파의 신호를 검출했다는 사실은 누구나 기억할 것입니다.

블랙홀은 간접적으로 '볼' 수 있습니다. 일반 물질과의 상호작용에서 발생하는 신호를 통해서 말입니다. 블랙홀이 거대한 별 근처를 공전할 때, 그 기조력tidal force은 불행한 이웃에게서 엄청난 양의 물질을 빼앗습니다. 이 온화된 가스는 그것을 삼키려는 블랙홀의 중력장에 의해 가속되어 강착 원반을 형성합니다. 그리고 이 원반에서는 다양한 파장의 전자기 방사가 방출됩니다. 종종 극에서 대량의 물질 제트가 분출되어 빛의 속도에 가까운 속도로 우주를 가로질러 쇼를 더욱 화려하게 만들기도 합니다.

블랙홀은 매우 드물지만 우주의 많은 지역에 존재하는 새로운 종류의 천체입니다. 이제 우리는 블랙홀이 크기와 특성, 정지하거나 회전하거나, 중성이거나 전하를 띠거나 하는 점뿐만 아니라, 생성되는 역학 및 그 진화 과정에서도 매우 다양한 천체라는 것을 알게 되었습니다.

블랙홀은 초거대 항성의 중력붕괴로 인해 형성될 수 있습니다. 그러나 중성자별이 서로 충돌하거나, 중성자별이 쌍성계에서 상호작용하는 일반 별의 물질을 흡수하여 임계질량에 도달할 때도 만들어질 수 있습니다.

금보다 가치 있는 융합

중성자별 간의 충돌은 새로운 블랙홀을 생성할 뿐만 아니라 다른 놀라운 효과를 일으킬 수 있습니다.

질량이 지구보다 수백 배나 크고 금과 백금으로 이루어진 거대한 구름을 상상해보세요. 얼마 전 천문학자들이 천체망원경으로 거문고자리 근처의 한 구역을 관찰했을 때 눈앞에 펼쳐진 놀라운 광경이 바로 그것이었습니다. 두 개의 중성자별이 충돌하는 파국적인 사건으로 인해 진정한 '우주 중금속 공장'이 생겨났던 것입니다. 2017년 8월, 처음으로 미국 간섭계 LIGO 두 대와 피사 근처에 있는 이탈리아-프랑스 간섭계 VIRGO가 함께 작동하고 있었습니다. 이들은 블랙홀이 합쳐지면서 생성되는 중력파를 찾고 있었으며, 2015년에 처음 발견된 것과 유사한 사건을 즉시 기록했습니다. 그리고 3일 후, 그들은 평소와 달리 강도는 약하지만 시간이 훨씬 더 긴 이상한 새로운 신호를 포착합니다. 중성자별의 융합으로 생성되는 중력파의 고유한 특징이 있는 신호였죠.

첫 번째 신호의 발원지는 초거대 물체가 아니었습니다. 두 개의 중성자별도 만나면 파국적인 충돌을 일으키며 합쳐집니다. 그리고 서로의 주위를 나선형으로 돌면서 빛의 속도에 가깝게 서로 접근하여 시공간을 뒤틀고 수십 초 동안 지속되는 중력파 신호를 생성합니다.

이 모든 일은 우주적 관점에서 볼 때 다소 가까운 거리에서 일어났습니다. 첫 번째 놀라운 발견이 10억 4,000만 광년 떨어진 곳에서 온 신호라는 것에 비해 이 번에는 불과 1억 3,000만 광년 떨어진 것이었습니다. 병합된 질량이 더 작기 때문에 초기 신호는 약했지만, 거리가 더 짧아 관측이 가능했습니다.

이번에는 VIRGO도 작동 중이었던 덕분에 삼각측량이 가능했습니다. 3개의 관측기가 작동하면서 그 발원지를 식별할 수 있었고, 전 대륙과 우주에 분포된 70개 관측소에 경보를 보내어 많은 데이터를 수집할 수 있었습니다. 중력파 신호에는 고에너지 광자와, 몇 주 동안 지속되는 일련의 저에너지 전자기 방출이 동반됩니다.

몇 초 후 지구 궤도를 돌고 있는 특수 망원경인 페르미와 같은 다른 장비에서 포착된 감마선 섬광이 정확히 같은 지역에서 왔으며 같은 현상과 관련이 있다는 사실이 곧바로 밝혀졌습니다. 충돌로 블랙홀이 형성되었다는 신호일 가능성이 아주 높았습니다.

2017년 8월 17일의 사건은 '다중 신호 천문학'의 화려한 데뷔였습니다. 중력파와 전자기 스펙트럼의 모든 파장에서 방출되는 신호를 사용하여 동일한 현상이 연구되고 있으며, 이를 통해 훨씬 더 자세한 이해를 얻었습니다.

이제 우리는 2개의 중성자별이 합쳐지면 중력파를 생성한다는 것을 알고 있습니다. 그리고 지금까지 그 기원에 대해 많은 의문이 있었던 감마선 폭발이 어디에서 오는지 이해하게 되었습니다. 결국 첫 번째 신호가 나온 지

몇 주 만에 놀라운 일이 일어났습니다. 천문학자들이 융합의 잔여물에서 무거운 물질로 이루어진 작은 성운을 확인한 것입니다. 충돌로 인해 주변 공간으로 엄청난 속도로 방출된 막대한 양의 귀금속 먼지, 거대한 금과 백금 덩어리는 철보다 무거운 원소는 이러한 유형의 파국적인 사건에서만 형성될 수 있다는 이론적 가설을 극적으로 뒷받침합니다.

다시 한번 우리는 언뜻 보기에 평온하고 차분해 보이는 우주의 균형 이면에 숨어 있는 엄청나게 폭력적인 현상을 발견하는 경험을 하게 됩니다. 이 특별한 사건에 대한 설명과 함께, 우리의 이야기는 다섯째 날의 끝에 도달했습니다. 우주는 무수히 많은 별들로 가득 차 있으며, 이들은 여러 세대에 걸쳐 우주 전체에 엄청난 양의 가스와 무거운 원소의 먼지를 퍼뜨렸고, 그 가운데에는 중성자별과 블랙홀도 숨어 있습니다. 우주가 시작된 지 5억 년이 지났고 최초의 은하가 이미 형성되고 있습니다.

혼돈이 질서로 위장하다

THE
STORY
OF
HOW
EVERYTHING
BEGAN

GENESIS

여섯째 날이 시작되었습니다. 우주는 이제 무수히 많은 거대한 별들로 빛나고 있습니다. 별들은 우주적 규모로 보면 매우 빠른 주기로 세대를 거듭하며 증식합니다. 별들 중 하나가 죽을 때마다, 별을 둘러싸고 있는 이온화된 수소와 헬륨의 거대한 구름은 점점 무거운 원소로 풍부해져, 가스와 먼지의 커다란 성운이 사방에 퍼지고, 그 성운은 다시 더 작고 수명이 긴 새로운 세대의 별을 낳습니다.

중력은 거대한 암흑 물질 주위에 형성된 이러한 물질 덩어리에 천천히 작용합니다. 질량 면에서 훨씬 압도적인 덩어리들은 진정한 퍼텐셜 우물을 생성하여 별과 가스, 먼지가 그 속으로 빨려들어갑니다. 모든 것이 그 속으로 곤두박질치는 이 무無는 모든 것을 가차 없이 끌어당기는 보이지 않는 어둠의 심장입니다. 이러한 압축에서 발생하는 충격으로 인해 가스는 더 뜨거워지고 압력이 증가하여 더 이상의 붕괴를 막습니다. 그 대부분은 암흑 물질 헤일로의 중앙에 집중되어 있으며, 그곳에서는 밀도가 높아지고 다른 모든 것이 그 주위에서 중력을 받으며 돕니다.

각운동량의 보존은 별들과 물질의 무리가 중앙의 구

멍으로 똑바로 끌려들어가는 것을 방지합니다. 기저의 대칭성으로 인해 별들과 물질의 무리는 중심핵을 중심으로 천천히 회전하고, 허리케인과 닮은 소용돌이인 회전 원반이 형성됩니다. 이렇게 은하가 탄생하게 됩니다.

우리는 어쩔 도리 없이 추락하고 있습니다. 의심의 여지가 없죠. 그리고 이 추락은 피할 수 없습니다. 무시무시한 소용돌이가 우리를 삼키고 있으며, 가장 끔찍한 악몽이 현실로 다가오고 있습니다. 우리의 종말은 정해졌고, 모든 것을 지배하는 역동적인 혼돈의 메커니즘은 우리에게 아무런 희망을 남기지 않습니다. 사실 이 파국의 지속 시간은 우리 개인의 삶과 비교할 때만이 아니라 불과 수백만 년 동안 지구에서 살아왔던 우리 종의 존속 기간과 비교할 때도 너무나 깁니다. 은하계의 수명은 수십억 년의 시간 규모로 정해져 있기 때문에 태양계와 행성 그리고 그 모든 것이 어떻게 작동하는지 궁금해하는 생명체가 만들어질 시간은 충분합니다.

혼돈은 질서로 위장하고, 균형과 조화의 아름다운 가면을 썼으며, 이 위대한 속임수 덕분에 수천 년 동안 우리는 안심할 수 있었습니다.

스피라 미라빌리스

우리 은하의 이름인 비아 라테아Via Lattea, Milky Way는 젖을 뜻하는 그리스어 갈라gala의 형용사형인 갈락시아스galaxias를 직역한 말에서 유래한 것입니다. 이 이름에는 제우스의 많은 장난 중 하나와 관련된 기원 신화가 담겨 있습니다. 알크메네에게 반한 신들의 왕은 그녀의 남편의 모습으로 변신하여 이 아름다운 지상의 존재와 사랑을 나누고 그녀를 임신시킵니다. 그녀는 헤라클레스를 낳고, 제우스는 헤라클레스를 곧바로 납치하여 올림포스로 데려갑니다. 그곳에서 그는 아기를 잠자고 있는 아내 헤라의 품 안에 넣어 아이가 여신의 신성한 젖을 먹고 불멸의 존재가 될 수 있게 하려 합니다.

비록 갓난아기이지만 언젠가는 전설적인 위업을 달성하게 될 이 아기는 여신의 가슴에 달라붙어 너무나 세차게 젖을 빨아들였습니다. 깜짝 놀라 깨어난 헤라는 이 알 수 없는 아기를 밀어냈고, 신성한 젖꼭지에서 뿜어져나온 젖은 하늘을 하얀 방울로 가득 채우는데, 하늘에 남은 것은 작은 별이 되고 땅에 떨어지는 것은 백합이 됩니다.

은하수는 거대한 암흑 물질 헤일로에 의해 뭉쳐진 별,

먼지, 가스의 집합체입니다. 그것은 거대한 나선은하로, 새로 형성된 별들이 모인 거대한 우주 바람개비입니다. 그 속에는 2,000억 개 이상의 별들이 들어 있으며 모든 것이 밀도가 높은 중앙 지역을 중심으로 회전합니다. 중심부에서는 물질이 집중되어 밀도가 일정한 일종의 막대가 형성되기 때문에 막대나선은하로 분류됩니다.

은하수의 모양은 많은 자연 과정에서 발견되는 곡선인 성장 나선형의 기하학적 구조를 따릅니다. 중심에서 시작하여 반지름이 각도에 따라 규칙적으로 증가하여 앵무조개의 껍데기 같은 매혹적이고 기하학적인 구조를 형성합니다. 데카르트는 이 함수를 최초로 기술했으며, 자코브 베르누이Jakob Bernoulli는 이 나선에 매료되어 그것을 놀라운 나선, '스피라 미라빌리스spira mirabilis'라 부르며 자신의 묘비에 새겨달라고 요청할 정도였습니다.

태양으로부터의 거리가 멀어질수록 행성의 속도가 감소하는 태양계와 달리, 은하수에서는 모든 것이 거의 동일하게 초속 200km, 즉 시속 70만km의 속도로 은하핵 주위를 공전합니다. 우리는 이미 이 거의 일정한 궤도속도가 암흑 물질의 존재에 대한 가장 확실한 단서 중 하나라는 것을 보았습니다. 사실 우리가 은하수라고 부르는 것은 우리 은하의 작은 부분에 불과합니다.

먼지, 가스, 별, 즉 눈에 보이는 물질은 지름 약 10만 광년, 두께 약 2,000광년의 평평한 원반 위에 분포되어 있습니다. 우리 태양은 자신의 행성들을 이끌고 은하 중심에서 약 2만 6,000광년 떨어진 곳에서 궤도를 돌고 있으며, 상당한 속도에도 불구하고 한 번 공전하는 데 2억 년 이상이 걸립니다. 모든 것은 직경이 약 100만 광년으로 추정되는 거대한 구형 암흑 물질 헤일로 속에 잠겨 있습니다. 빛나는 부분은 눈에 보이지 않는 신비한 물질로 이루어진 거대한 구름에 비하면 거의 미미한 수준이며, 사방에 드리워져 모든 것을 둘러싸고 있는 이 물질의 구름이 전체 질량의 약 90%를 차지합니다.

은하, 은하단 그리고 충돌

대형 은하의 형성 단계는 우주의 수명에서 상당히 긴 기간을 차지합니다. 최초의 군집은 빅뱅 이후 약 5억 년이 지나고 형성되기 시작하여 30억~40억 년 후까지 계속되며, 그 뒤에도 수십억 년 동안 작은 은하들이 계속 형성됩니다.

우리 은하는 평균보다 훨씬 더 큽니다. 그것이 차지하는 부피와 포함된 별의 수를 고려할 때 우리 은하를 거대 은하로 생각하는 것이 마땅해 보입니다. 그러나 우리 은하의 크기쯤은 우습게 보이는 진짜 괴물들이 존재합니다. 그중 하나가 IC1101로, 100조 개 이상의 별을 포함하고 지름이 600만 광년인 초거대 은하입니다.

우주에 있는 은하의 총수는 아무것도 없는 것처럼 보였던 하늘의 작은 부분에서 관측된 수로부터 추정하여 계산되었는데, 그 결과는 매우 놀랍습니다. 가장 최근의 추정에 따르면 은하의 수는 2,000억 개가 넘습니다. 더구나 이것은 너무 작거나 너무 희미해서 먼 거리에서 관측할 수 없는 은하를 빼고 계산한 것입니다.

나선은하와 더불어 가장 일반적인 형태의 은하는 타원은하입니다. 타원은하에서는 별들이 거의 구형의 달걀 모양으로 분포되어 있습니다. 이 두 가지 유형이 전체의 거의 90%를 차지하며, 나머지는 불규칙한 모양을 하고 있습니다.

작은 은하들은 종종 희한한 모양을 하고 있습니다. 펭귄의 모습을 닮았거나 알파벳 문자와 닮은 독특한 은하들을 비롯해 다양한 형태의 고리 모양 은하들도 있습니다. 은하의 기이한 모양은 흔히 은하 간의 충돌로 인해 만들어진 것입니다. 은하들이 충돌하는 동안 하나의 별이 다른 천체와 충돌할 가능성은 아주 낮지만, 근접한 만남으로 인한 강한 중력 상호작용은 시스템의 질서정연한 구조를 파괴하고 매우 기묘한 모양을 만들어냅니다. 모든 은하는 처음에 원반은하로 형성되었으며 타원은하는 위성 은하들이 합쳐지거나 잠식된 결과인 것으로 생각되고 있습니다.

우리 은하 주변에는 다른 두 개의 거대한 은하가 있습니다. 가장 가까운 은하가 안드로메다이고 삼각형자리 은하는 조금 더 멀리 떨어져 있습니다. 이 세 은하는 함께 국부은하군에 속하며, 대마젤란은하와 소마젤란은하 같은 위성 은하가 그 주위를 돕니다. 위성 은하는 약 60여 개가 있으며, 다수는 왜소 타원은하이고, 일부는 아주 작아서 별이 수천 개밖에 없는 경우도 있습니다.

우리 은하와 안드로메다은하는 서로 충돌하는 경로에서 움직이고 있는 것처럼 보입니다. 그 사이의 거리는 250만 광년으로 상당히 멀지만, 서로를 향해 가고 있는 것으로 보이는 속도도 만만치 않습니다. 시속 40만 킬로

미터에 달하죠. 요컨대, 50억 년에서 60억 년 안에 2개의 거대한 은하가 정말로 장대한 우주적 충돌을 일으킬 가능성이 있습니다. 두 은하가 서로 접근하면 매우 긴 난기류 단계에 접어들게 되고, 이때 기조력에 의해 2개의 놀라운 나선이 돌이킬 수 없을 정도로 변형되어 하나의 거대한 구조가 만들어질 것입니다. 삼각형자리 은하는 잠시 동안 대기하며 지켜보다가 두 거인의 합병으로 탄생할 은하의 위성 은하가 될 것이며, 나중에는 아마도 그 역시 새로운 거대한 응집체와 합쳐질 것입니다.

국부은하군은 수십 개의 은하로 구성될 수 있습니다. 은하의 수가 100개를 넘으면 더 이상 은하군이라고 하지 않고 은하단이라고 말합니다. 은하군, 은하단 그리고 고립된 은하들은 다음으로 초은하단이라는 훨씬 더 거대한 구조를 형성합니다. 이 계층적 조직은 매우 일반적이며 거의 모든 곳에서 찾을 수 있습니다. 예를 들어, 우리 은하가 속한 국부은하군은 약 5만 개의 은하를 포함하는 거대한 시스템인 처녀자리 초은하단의 일부입니다. 서로 다른 초은하단은 매우 넓은 범위의 빈 영역에 걸쳐 있는 은하 필라멘트에 의해 서로 연결되어 있습니다. 최종적으로 이 계층적 조직은, 은하 밀도가 높은 영역 사이에 거대한 빈 거품이 산재해 있는 스펀지 같은 상위 구조를 형성합니다. 이것이 '우주 거대 구조large-scale structure of the cosmos'입니다.

우리 은하의 어두운 중심

맑은 여름밤 남쪽을 바라보면 궁수자리의 수평선 바로 위에서 우리 은하의 중심을 육안으로 볼 수 있습니다. 별이 많이 보이지는 않지만 공기가 맑고 빛 공해에서 멀리 떨어져 있으면 희미하게 퍼져 있는 빛을 볼 수 있습니다. 그것은 커다란 성단의 빛이 은하 중심 주위에 모여 있는 먼지에 의해 희미해진 채 남아 있는 것입니다. 더 선명한 이미지를 얻으려면 먼지를 투과할 수 있는 적외선 망원경이나 일종의 엑스레이 촬영기와 같은 망원경을 사용해야 합니다.

이러한 장비로 관측한 결과, 중앙에 별이 엄청나게 밀집되어 있다는 충격적인 사실이 발견되었습니다. 이 별들 중 일부의 궤도 회전속도를 측정했을 때, 모든 별이 예상보다 훨씬 빠른 속도로 움직이는 것처럼 보였기 때문에 무언가 잘못되었다는 것이 곧바로 명백해졌습니다. 은하 중심에 매우 가까운 수십 개의 별의 움직임을 몇 달 동안 모니터링하기로 결정했을 때, 놀라운 속도가 측정되었습니다. 어떤 별은 심지어 초속 5,000km로 회전하고 있었습니다.

엄청난 중력에 의해 끌어당겨지고 있음을 의미하는 속도로 수십 개의 별이 허공을 중심으로 공전하는 것을 보았을 때 가능한 결론은 단 하나였습니다. 우리 은하 중심에는 태양보다 400만 배나 무거운, 보이지 않는 거대한 물체가 있는 것이었습니다. 그것은 바로 궁수자리 A* 였습니다. 평온한 우리 은하의 가장 깊고 어두운 중심에는 괴물이 숨어 있었던 것입니다. 조상 대대로 내려온 최악의 악몽이 다가오고 있습니다. 조만간 가차 없이 모든 것을 삼켜버릴, 바닥 없는 중력 구덩이 속으로 우리는 떨어지고 있는 것입니다.

궁수자리 A*는 엄청난 질량을 가진 블랙홀로, 슈바르츠실트 반지름이 약 1,200만km에 달합니다. 밀도는 높지만 훨씬 덜 무겁고 크기도 작은 항성 블랙홀은 비교도 안 되죠. 이 블랙홀은 초대질량 블랙홀이라는 새로운 부류에 속하며, 대형 별 진화의 마지막 단계에 있는 동료 블랙홀들과는 매우 다른 특성을 가지고 있습니다. 궁수자리 A*와 비교하면, 중력파의 첫 번째 신호를 내었던 태양 질량 약 30개 규모의 블랙홀은 작고 공손한 물체처럼 보입니다.

공교롭게도 우리와 가장 가까운 블랙홀이 있는 별자리는 그리스신화에서 최고의 궁수인 반인반마半人半馬 케이론의 별자리입니다. 케이론은 말의 모습으로 변신한 크로노스가 님프 필뤼라를 겁탈하여 태어난 괴물입니다. 아이의 모습에 혐오감을 느낀 어머니에게 버림받은 케이론은 아폴론에게 온갖 기술과 예술을 교육받아 폭력적이고 야수적인 켄타우로스 중에서 가장 문명화된 존재가 됩니다. 그는 지식과 문화를 통해 동물적 본성을 극복한 인간의 상징이 되어 궁수 모습의 별자리가 됩니다. 위대한 의사이기도 한 케이론은 전설에 따르면 아킬레스부터 시작하여 위대한 영웅들에게 가르침을 준 스승이라고 합니다.

케이론처럼 궁수자리 A*도 우리가 적대적이고 위험으로 가득 찬 세상을 이해하는 데 도움을 줄 수 있습니다. 극한 조건에서 물질이 상호작용하는 험한 지역인 초대질량 블랙홀의 행동에 대한 연구는, 우리가 아직 알지 못하는 매우 중요한 것들을 이해하는 열쇠가 될 수 있습니다. 그렇기 때문에 온갖 종류의 망원경과 기기를 그곳에 맞추어 점점 더 많은 놀라운 데이터를 수집하고 있습니다.

블랙홀을 향해 빨려들어가는 가스와 먼지는 수백만 도까지 가열되어 적외선뿐만 아니라 전파도 방출하는 것으로 밝혀졌습니다. 궁수자리 A*는 아마도 자기장을 가지고 있을 것이며, 강착 원반의 흔적이 감지되었습니다. 가장 가까운 별에서 떨어져 나온 물질이 그 주위를 회전하면서 일종의 고리를 형성한 것이죠. 극에서는 상대론적 제트relativistic jet*를 나타내는 것으로 보이는 신호가 포착되었습니다. 대량의 먼지와 가스를 삼킨 괴물이 일종의 딸꾹질이나 구토를 하여 그중 일부를 토해내고 극을 향해 세차게 밀어내 빛에 가까운 속도로 뿜어내는 것이죠.

가장 최근의 놀라운 일로, 천문학자들은 3광년 떨어진 곳에 있는 7개의 별들로 이루어진 성단을 관측하다가 또

◆ 일부 활동은하 중심에 있는 무거운 천체로 추정되는 것으로부터 생겨난 극단적으로 강력한 플라스마의 분출.

다른 블랙홀을 발견했습니다. 성단은 태양 1,300개만큼 무거운 이 물체에 의해 하나로 묶여 있으며, 전체가 궁수자리 A* 주위를 돌고 있습니다. 이것은 우리 은하 내부에서 발견된 최초의 중간 질량 블랙홀이며, 그 존재는 궁수자리 A*의 비정상적인 성장 메커니즘에 대한 단서가 될 수 있는데, 부분적으로는 분명 다른 대형 블랙홀들을 잡아먹었기 때문일 겁니다. 최근에 그 주변에서 또 다른 12개의 블랙홀이 발견되면서 이 가설이 더욱 강화되었습니다.

우리 은하의 중심은 우리와 가까워 일반상대성이론을 시험하고, 시공간 왜곡이 심한 영역에서 발생하는 현상을 연구하기에 이상적인 실험실입니다. 좁고 빠른 타원궤도로 궁수자리 A* 주위를 도는 수십 개의 큰 별들을 지속적으로 관찰하고 있는 이유도 바로 그 때문입니다.

아마도 위대하고 지혜로운 궁수자리 케이론의 가르침은, 지구에 매인 가여운 우리 과학자들을 이 거대한 천체에 대한 무지의 심연으로부터 조만간 해방될 수 있게 해줄 것입니다.

잠자는 용을 깨우지 마라

궁수자리 A*의 질량은 확실히 엄청나지만, 처녀자리 은하인 NGC-4261의 중심부에 있는 블랙홀에 비하면 미미합니다. 이 거대한 물체의 무게는 질량이 태양의 12억 배에 달합니다.

이것은 분명 극단적인 경우이지만, 이제는 거의 모든 대형 은하의 중심에는 질량이 태양의 수백만에서 수십억 배에 이르는 초질량 블랙홀이 있다는 것이 학자들의 일반적인 믿음입니다. 요컨대, 이 멋진 괴물이 없다면 은하라는 경이로운 물체가, 즉 수십억 년 동안 안정적인 물질의 동적인 구성이 만들어질 수 없을 것 같습니다.

무거운 블랙홀은 작은 블랙홀과 구별되는 다른 특징을 가지고 있습니다. 예를 들어, 그들은 더 작은 친척처럼 밀도가 엄청나지는 않습니다. 가장 거대한 블랙홀은 물보다도 밀도가 낮을 수 있어 훨씬 덜 사나워 보입니다. 우리가 태양 질량의 서너 배인 블랙홀에 가까이 가면 기조력 때문에 산산조각이 나겠지만, 거대 블랙홀의 기조력은 훨씬 약해서 거의 감지할 수 없습니다. 적어도 처음에는 알아차리지도 못하고 사건의 지평선을 넘을 수 있을 것입니다. 그러나 이렇게 순한 겉모습에도 불구하고, 그들은 은하 전체를 파괴할 수 있는, 우주에서 가장 위험한 물체 중 하나입니다. 초대질량 블랙홀은 사실 우주에서 가장 에너지가 넘치는 몇 가지 현상의 근원입니다.

예를 들어, 수십 년 동안 퀘이사(준항성 전파원, 별을 닮은 전파원의 줄임말에서 유래한 이름)는 미스터리로 남아 있었습니다. 오늘날 퀘이사는 준항성 천체quasi-stellar object를 뜻하는 QSO라는 더 현대적인 약어로 불립니다. 1950년대 후반에 처음 발견된 이들은 우주에서 가장 강력한 광원입니다. 강력한 전파 신호를 방출해 처음 확인되었고, 그 후 신호가 나오는 지역 쪽으로 광학 망원경을 돌렸을 때 매우 강한 빛 신호가 포착되었습니다. 매우 작은 활성 영역은 거의 점처럼 보여 마치 별 하나가 그 경이로운 빛을 내는 것 같았습니다.

그러나 그 어떤 별도 우리 은하의 2,000억 개 별이 방출하는 빛보다 1,000배나 더 강력한 빛을 낼 수는 없었습니다. 저 먼 은하에서 평범하지 않은 천체와 관련이 있는 신비한 일이 일어나고 있었던 것입니다. 희한한 가설들이 제기되었지만, 점점 더 많은 데이터가 수집되면서 도달한 결론은 충격적이었습니다. 그것은 그 무엇보다 더 밝은 '검은 별'이었던 것입니다. 그토록 강력한 빛을 발하는 점과 같은 물체는 초대질량 블랙홀이 숨어 있는 은하 중심에 있었습니다. 종종 이 멋진 '용'은 동화 속에서처럼 훼방꾼이 없을 때는 평온하게 잠을 잡니다. 때로는 불과 빛과 온갖 종류의 전자기파를 엄청나게 멀리까지 '뿜어내면서' 자신의 힘을 과시합니다. 이 경우는 활동성 은하핵이었습니다.

물질을 삼키고 몇 개의 별을 산산조각 내지만 대체로 매우 점잖고 조심스럽게 행동하는 궁수자리 A*의 경우처럼, 많은 은하의 핵에서 발견되는 초대질량 블랙홀은 대개 매우 평화롭습니다. 우리는 기어코 온히핵 내부를 들여다보려고 애쓰다 최근에야 그 존재를 알게 되었습니다. 호기심에 이끌려 우리는 모든 것을 덮고 있는 먼지 이불 아래에서 무슨 일이 일어나고 있는지 보려다가, 궁수자리 A*가 그 주위를 빠르게 도는 별들과 '고양이와 쥐' 놀이를 하고 있다는 것을 발견했습니다. 그러지 않았더라면 아무도 이상한 것을 알아차리지 못했을 것입니다.

외부에서 봤을 때 우리 은하의 핵은 걱정할 필요가 없으며, 위험한 방사선을 방출하지도 않고 해를 끼치지도 않습니다. 하지만 우리 은하는 운이 좋은 경우입니다. 때때로 은하의 핵이 격한 동요 상태에 빠져 상황이 곤란해지는 경우가 있으니까요. 중심 주변에서 물질, 별, 가스 및 먼지의 밀도가 매우 높을 때 이런 일이 발생합니다. 그러니까 먹을 것이 많으면 블랙홀이 일종의 먹이 광란을 일으키는 셈이죠. 블랙홀은 거대한 강착 원반으로 둘러싸여 있고, 물질은 분해되어 지옥의 회전목마 속으로 끌려들어갑니다. 그 속에서 물질 조각들은 매우 빠른 속도로 충돌하고 상호작용하여 모든 것을 수백만 도까지 가열하는 현상을 일으킵니다.

이온화되어 기본 구성 성분으로 환원된 물질은 거대한 자기장을 생성하고, 이 자기장은 다시 나머지 물질과 상호작용합니다. 커다란 강착 원반이 있을 때, 우리는 블랙홀의 극에서 거대한 입자 제트와 관련 복사가 방출되는 것을 종종 볼 수 있습니다. 활동성 핵에 의해 은하 평면에 수직 방향으로 고에너지 물질 빔과 복사가 방출되는 것이죠. 포착된 그 이미지는 매우 인상적입니다. 은하 중심에서 생겨나 수만 광년 동안 확장될 수 있는 거대한 물질 필라멘트를 볼 수 있습니다. 방출된 강렬한 복사는 은하에서 튀어나와 수백만 광년 이상 뻗어 있는 돌출부의 형태로 나타납니다.

이 현상의 세부 사항은 아직 완전히 밝혀지지 않았습니다. 이온화된 물질의 일부가 사건의 지평선 안쪽으로 사라져 블랙홀이 더 커지는 동안, 일부는 극으로 향하여 무시무시한 속도로 가속되는 것으로 생각됩니다. 우리는 LHC보다 훨씬 더 강력한 수백 개의 가속기가 우주에서 작동하는 것을 보고 있는 셈이죠. 이 가속기는 CERN에서 연구하는 것과 비슷하지만 은하의 크기와 비슷한 규모의 상대론적 제트를 생성합니다.

활동성 은하 중 극히 일부는 지구 방향으로 화려한 제트를 발사합니다. 이 경우 우리는 제트의 엄청난 속도에 의해 증폭된 전자기 복사 스펙트럼을 관찰할 수 있는데, 흐름이 빠르고 격렬하게 변한다는 특징을 보입니다. 역사적으로 이러한 유형의 광원은 블레이자로 불렸는데, 이는 그러한 현상을 보인 최초의 이상한 천체 도마뱀자리 BL의 이름을 딴 것입니다. 도마뱀자리 BL은 밝기가 시간에 따라 달라지므로 많은 사람들은 그것이 우리 은하에 속하는 변광성임에 틀림없다고 생각했습니다. 그러나 더 정확한 관측을 통해 그것은 9억 광년 떨어진 은하로 밝혀졌습니다. 이런 현상의 기원이 활동성 은하핵과 연관되어 있을 때, 이 현상은 더 넓은 부류에 속하게 됩니다.

퀘이사, 블레이자 및 활동성 은하핵은 일반적으로 우주에서 매우 드문 현상이지만 지금까지 수십만 개가 발견되었습니다. 왜소 은하에서는 거의 발견되지 않는 반면, 여러 은하가 합쳐진 거대 타원은하에서는 다섯 개 중하나 꼴로 꽤 자주 발견됩니다.

그것은 은하의 나이에 따라서도 아주 달라지는 것으로 보입니다. 예를 들어 오래된 은하에서는 퀘이사의 비율이 높은데, 이는 활동성 은하핵이 초기 은하의 형성에 핵심적인 역할을 했다는 것을 시사합니다. 이 주장을 증명하듯 확인된 가장 오래된 퀘이사는 빅뱅 이후 7억 년으로 거슬러 올라갑니다. 요컨대, 퀘이사는 최초의 우주 거대 구조에 이미 존재했지만 그 정점은 약 100억 년 전으로 거슬러 올라가며, 그 이후에는 비율이 줄어들기 시작합니다.

이러한 사실은 필요한 연료가 점진적으로 고갈되는 메커니즘과 관련이 있는 것 같습니다. 응축된 블랙홀은 수십억 년 동안 주변에서 끌어올 수 있는 모든 물질을 태우고 재활용합니다. 이 메커니즘 자체와 그 과정에서 생성되는 매우 강한 방사선은 결국 필요한 연료를 완전히 고갈시킵니다. 새로운 물질이 없으면 강착 원반의 성장은 멈추고 과정이 종료됩니다.

이로써 우리 은하와 같은 많은 대형 은하가 거대한 블랙홀을 품고 있음에도 불구하고 활동성 핵이 없는 이유를 설명할 수 있습니다. 물질이 충분히 남아 있지 않기 때문이죠. 따라서 우리 은하에 관한 한 우리는 안심하고 잠들 수 있습니다. 안드로메다와 충돌하지 않는 한 말이죠. 이런 일이 발생한다면 융합은 재활성화하기에 충분한 물질을 다시 핵으로 가져올 수 있으며, 은하계 행성의 생명체에게는 일이 매우 복잡해질 수 있습니다.

결국, 많은 은하의 중심에 있는 이 '게걸스러운 괴물'의 역할은 전체적인 역학 관계에서 필수적인 것으로 보입니다. 거대 블랙홀은 위대한 파괴자이자 위대한 창조자입니다. 블랙홀이 강제한 물질의 광란의 춤은 마치 튀르키예 콘냐시의 메블레비 수피Mevlevi Sufi 교단 탁발 수도승이 추는 회오리춤을 우주적 규모로 화려하게 재연한 것과 닮았습니다. 그것은 또한 파괴와 창조를 만들어 내는 시바 신의 춤을 떠올리게 하지만, 무엇보다도 수십억 년 동안 이 위험한 회전목마에 수많은 별을 가둠으로써 가장 귀중한 것을 물질에 제공합니다. 물질에서 태양계와 행성과 점점 더 복잡한 형태의 조직이 만들어지는 데 필요한 시간을 말입니다.

태양보다 질량이 수백만 배 또는 수십억 배 더 큰 블랙홀이 어떻게 형성되는지 이해하는 문제는 여전히 남아 있습니다. 우리는 블랙홀이 은하 중심에 위치하면 주변의 모든 것을 점차 집어삼키면서 그 크기가 엄청나게 커질 수 있다는 것을 알고 있습니다. 하지만 그 시작점은 무엇일까요? 아마도 최초의 별이 빛나기 전부터도 원시 가스의 거대 성운이 뭉쳐 퀘이사 별quasi-star('블랙홀 별'이라고도 한다.)이 되었을 것입니다. 이 물체는 너무 불안정해서 평범한 별로 진화하지 않고 블랙홀로 붕괴되었을 것입니다. 어떤 이들은 빅뱅 후 1초도 지나지 않아 원시 블랙홀이 생겨났다는 가설을 세우기도 하는데, 갓 태어난 우주의 엄청난 밀도 변동 때문에 물질의 막대한 부분에서 중력붕괴가 일어날 수 있다는 이유 때문입니다. 이렇게 까다로운 천체를 중심에 둔 새로운 탐구 분야는 여전히 미스터리로 가득 차 있습니다.

오리온의 가느다란 화살

이러한 격동적인 현상의 기원과 역학에 대해 궁금해하고 있는 가운데, 최근까지 완전히 미스터리로 여겨졌던 현상을 이해하는 데 결정적인 진전이 이루어지고 있습니다. 그중 하나가 바로 우주 방사선의 기원입니다.

1912년부터 물리학자들은 모든 방향에서 지구에 쏟아지는 이 하전입자 소나기의 기원을 찾기 위해 끊임없이 연구해왔습니다. 우주 방사선은 LHC보다 수억 배 큰 에너지를 지닌 것으로 기록되었으며 그 기원은 최근까지도 미스터리로 남아 있었습니다. 이 경우에서도 동일한 현상을 관측하기 위해 서로 다른 장비들이 함께 모였기 때문에 이해가 가능했습니다. '다중 신호 천문학'의 또 다른 성공 사례죠.

그 시작은 심우주deep space에서 오는 중성미자 탐지를 전문으로 하는 남극의 아이스큐브 관측소에서 울린 경보음이었습니다.

우주에서 생성되는 고에너지 중성미자의 탐지는 매우 드문 사건이며 엄청난 크기의 검출기가 필요합니다. '아이스큐브'라는 묘한 이름의 이 검출기는 한 변이 1km에

달하는 거대한 장치입니다.

연구진은 남극대륙을 덮고 있는 순수하고 투명한 얼음을 활용하기 위해 아이스큐브를 아문센-스콧 기지 근처에 설치했습니다. 100m 간격으로 100개의 다른 지점에서 얼음을 뚫고 녹여 육각형 격자 모양을 만들었습니다. 2km 이상 깊숙이 뚫고 내려간 다음 정교한 광자 탐지기를 심습니다. 물이 다시 얼면 수천 개의 탐지기가 얼음 속 깊은 어둠 속에 파묻힌 채로 남아 있습니다. 그리고 탐지기의 초고감도 전자 눈은 캄캄한 어둠 속을 들여다보며, 중성미자가 두꺼운 얼음을 통과하다가 아주 운 나쁘게도 핵과 부딪힐 때 생성되는 아주 작은 빛의 섬광을 찾기 시작합니다.

고에너지 충돌에서 생성되는 하전입자 무리에는 때때로 '뮤온'이 동반되는데, 이는 훨씬 더 무거운 전자의 일종으로 중성미자와 같은 방향으로 방출되며 갑자기 빛보다 빠르게 이동합니다. 그러면 상황은 전투기가 음속 장벽을 통과할 때와 비슷해집니다. 그러나 뮤온은 우레와 같은 소닉붐 대신, 특성 원뿔 위에 분산된 미세한 자외선 섬광을 방출할 뿐입니다. 이 효과는 1950년대에 파벨 체렌코프Pavel Cherenkov에 의해 처음 기록되었으며,

그의 이름을 따서 체렌코프효과라고 명명되었습니다.

따라서 중성미자가 상호작용할 때, 아이스큐브의 검출기는 일련의 특징적인 신호를 기록하여 중성미자의 에너지와 그것이 나온 방향을 모두 측정할 수 있게 해줍니다. 이는 이 약하고 여린 메신저를 방출한 근원을 추적할 수 있게 해주기 때문에 가장 중요한 정보입니다. 우주 중성미자는 그것이 통과하는 질량과 에너지 분포에 구애받지 않고 직선으로 날아가고, 은하와 은하간 공간의 자기장에 전혀 영향을 받지 않습니다. 그것들을 탐지하면 그것들이 어떤 은하에서 왔는지를 확인하고 어떤 메커니즘이 그것들을 생성했는지 이해하기 시작할 수 있을 것입니다.

아이스큐브는 데이터 수집을 시작한 직후에 모두를 놀라게 한 몇 가지 놀라운 사건을 기록했습니다. 그것은 세계에서 가장 강력한 가속기인 LHC에서 생성할 수 있는 것보다 수백 배나 크고 무시무시한 에너지를 가진 중성미자였습니다. 그때까지만 해도 이러한 고에너지 중성미자가 우주를 돌아다니고 있을 거라고는 아무도 상상하지 못했습니다. 어떤 엄청난 우주 가속기가 이런 입자를 생성할 수 있는지 알아내기 위한 도전이 곧바로 시작되었습니다.

2017년 9월 22일, 아이스큐브의 검출기는 300TeV의 중성미자의 상호작용을 기록했습니다. 이 중성미자에서 생성된 뮤온이 수백 개의 광센서에 화려한 빛의 흔적을 남긴 것이었습니다. 데이터는 매우 선명했으며 중성미자의 비행 방향은 다양한 파장의 복사를 활발하게 방출하는 것으로 알려진 먼 은하를 가리켰습니다. 이 은하는 약 40억 광년 떨어진 곳에, 북쪽 하늘에서 빛나는 오리온자리 근처에 있습니다. 아르테미스의 손에 죽임을 당한 위대한 궁수이자 사냥꾼인 거인 오리온을 영원히 기념하는 별자리죠.

신화에 따르면 아폴론은 자신의 누이 아르테미스가 사냥에 뛰어난 이 죽을 운명의 남자에게 매력을 느끼는 것에 화가 나 그녀를 속여 오리온을 죽이게 만듭니다. 제우스는 딸의 눈물과, 수많은 사냥의 동반자인 충직한 사냥개 시리우스의 비통한 울부짖음에 연민을 느껴 가장 밝은 별자리 사이에 두 자리를 마련해줍니다. 그리고 오늘날에도 우리는 오리온이 시리우스와 함께 사냥하며 황소자리 방향으로 화살을 쏘는 모습을 하늘에서 볼 수 있습니다.

그러나 오리온은 사슴과 멧돼지를 쏜 화살보다 더 가늘고 관통력이 강한 다른 화살을 우리에게 쏘았습니다. 아이스큐브가 발견한 중성미자는 TXS 0506+056 은하에서 나왔습니다. 하늘에 있는 무수한 은하의 이름을 지정하기 위해 천문학자들은 이런 복잡한 약어를 쓰죠. 그러나 물리학자들은 복잡한 이름을 좋아하지 않기 때문에, 은하의 이름은 기본 자음 3개가 들어 있지만 기억하기 더 간단한 '텍사스 소스'로 곧 바뀌었습니다.

실험 데이터 수집을 담당한 연구원들은 전 세계 모든 천문대에 경고를 보냅니다.

"지구의 과학자들은 텍사스 소스를 주목하십시오. 그곳에서 뭔가 일어나고 있습니다."

수십 명의 관측자들이 이 메시지를 듣고 자신의 장비를 지정된 방향으로 돌렸고, 여기서부터 재미있는 일이 시작됩니다. 그다음 날, 고에너지 광자 탐지에 특화된 장치 두 대가 의심할 여지 없이 같은 광원에서 나오는 감마선을 탐지합니다. 텍사스 소스가 우주 쇼를 하고 있다는 것은 더 이상 의심의 여지가 없었습니다.

텍사스 소스가 매우 이상한 천체라는 것은 한동안 알려져 있었습니다. 이 광대한 타원은하는 빠르게 회전하는 거대 블랙홀이 지배하고 있습니다. 이 괴물의 질량은 태양 질량의 수억 배로 추정되며 커다란 강착 원반과 두 개의 거대한 극 제트로 장식되어 있습니다. 이 중 하나는 지구 쪽을 향하고 있는 블레이자입니다.

텍사스 소스에서 발생하는 무서운 가속에서는 중성미자 외에도 감마선이 생성됩니다. 감마선은 매우 높은 에너지의 광자로, FERMI 감마선 우주 관측소와 카나리아제도의 라팔마 섬에 위치한 MAGICMajor Atmospheric Gamma Imaging Cherenkov Telescope 의 초고감도 장비에서 포착되었습니다.

모두가 꿈꿔왔던 신호였습니다. 그러한 극적인 일치는 우연일 수 없었습니다. 광자와 함께 중성미자도 방출된다면 이것은 텍사스 소스 블랙홀에 의해 구동되는 거대한 장치가 양성자를 가속한다는 증거입니다. 마치 LHC의 초대형 버전처럼 말이죠.

그리하여 우리는 현대 물리학의 가장 큰 미스터리 중 하나를 이해하기 시작했으며, 거대한 블랙홀에 의해 구동되는 머나먼 은하로부터 그러한 선물을 받았습니다.

이렇게 여섯째 날이 끝났습니다. 처음 40억 년이 지났고 이제 우주는 무수히 많은 은하들로 가득 차 있습니다.

그중에는 매우 평화롭고 온순한 은하핵을 가진 한 은하가 있습니다. 그 은하에서 곧 무슨 일이 일어나려고 하고 있습니다.

복잡한 형태의 무리

THE
STORY
OF
HOW
EVERYTHING
BEGAN

GENESIS

우리 은하의 모든 것은 수십억 년 동안 그 중심핵 주위를 꾸준히 공전해왔습니다. 새로운 은하의 격동기, 그 질풍노도의 청소년기는 이미 오래전에 끝났습니다.

궁수자리 A*는 원래의 핵을 둘러싸고 있던 별과 가스, 먼지를 모두 삼킨 후, 오디세우스의 포도주를 마신 동굴 속의 괴물 폴리페모스처럼 평온하고 깊은 잠에 빠져 있었습니다. 더 이상 과도한 공급을 받지 않는 거대 블랙홀의 강착 원반은 크기가 줄어들었고, 형성 중인 시스템과 별을 뒤흔들며 주변 공간으로 방사되던 상대론적 제트도 점차 사라졌습니다. 국부은하군을 구성하는 가장 가까운 사촌인 안드로메다와 삼각형자리 같은 가까운 거대 은하조차도 위험한 불꽃놀이를 멈췄습니다.

머나먼 은하의 활동성 핵에서 방출되는 감마선은 아주 무해합니다. 이제 은하의 탄생을 특징짓는 일련의 파국에 의해 더 이상 깨지지 않는 평온이 찾아왔습니다. 더 복잡하고 조직된 체계가 발달할 수 있는 시간이 되었습니다.

마지막 날인 일곱째 날이 시작될 때까지 90억 년 이상이 흘렀습니다. 거대한 나선형을 구성하는 4개의 거대한 구조에 비해 부차적인 지역에서 뭔가 일이 벌어지고 있습니다. 페르세우스와 궁수자리의 큰 팔 사이, 오리온자리라고 불리는 작은 팔이 갈라지는 바로 그 지점에 거대한 분자 구름에서 자양분을 얻는 아주 어린 별들이 무리지어 있습니다. 이 지역에서는 지난 수십억 년 동안 여러 세대를 이어온 커다란 별들이 거대한 핵 용광로에 축적되었던 물질을 모두 분산시켰습니다.

초신성처럼 폭발하면서 그들은 먼지와 가스, 즉 분자 구름을 우주 공간에 흩뿌렸습니다. 그 속에는 주로 수소와 헬륨이 들어 있지만 탄소, 질소, 산소, 규소부터 철까지 모든 원소의 흔적도 있습니다. 중성자별로 변한 일부 큰 별은 서로 충돌할 때 납이나 우라늄 등의 가장 무거운 원소까지 소량 포함하여 구름을 더욱 풍부하게 했습니다.

구름이 뜨겁고 계속 팽창하는 한, 이 거대한 구름을 응집시킬 수 있는 것은 아무것도 없습니다. 그러나 점차 냉각되고 속도가 감소함에 따라, 중력이 팽창력을 압도하고 물질 덩어리 주위에 더 크고 무거운 응집 중심을 형성합니다. 이제 가스와 먼지로 이루어진 커다란 원반이 형성되어 중심 주위를 돌고, 중심에서 질량의 대부분이, 특히 수소가 밀집됩니다.

은하 내부에는 은하의 미니어처가 형성됩니다. 큰 구

름의 일부가 자체 중력의 힘으로 붕괴되어 중심에서 별
이 탄생하는 태양 성운이 형성되고, 그 주변에는 일종의
강착 원반이 형성되는데, 다양한 고리에 분포된 다른 더
작은 응집 중심들이 구분될 수 있는 형태로 형성되는 것
입니다. 이른바 원시행성계 원반이죠.

갑자기 태양이 빛나기 시작하고 거대한 가스 행성들
이 형성될 것입니다. 그런 다음 더 천천히 그리고 더 거
친 경로를 따라 가장 안쪽 궤도의 암석 행성들이 모일 것
입니다.

이 중 하나는 특히 운이 좋을 것입니다. 형성 중인 다
른 행성과의 파국적인 충돌로 인해 영원히 파괴되어 수
천 개의 파편이 되어버리는 대신, 큰 위성을 갖게 되어
앞으로 수십억 년 동안 궤도를 안정시키는 데 도움을 얻
게 될 것입니다. 다른 행성들의 경우와 마찬가지로 이 행
성 위로도 혜성과 운석이 쏟아져 중요한 원소들이 풍부
해질 것이며, 화산활동까지 더해져 그 모든 것이 이후의
발전에 결정적인 역할을 할 것입니다.

이 커다란 암석 행성이 만들어내는 중력은 충분히 강
해서 행성을 기체 대기로 감쌀 수 있으며, 용용된 금속
코어는 행성에 자기장을 제공합니다. 이 두 가지 요소는

우주 깊숙한 곳에 숨어 있는 수많은 위협에 대한 보호막 역할을 할 것입니다.

이 행성은 우주의 추위를 피하기에 충분한 에너지를 받을 수 있을 만큼은 태양에 가깝게 공전하지만, 열에 너무 가열되어 많은 화학반응을 일으키지 못할 정도로 태양에 가깝지는 않습니다. 행성을 덮고 있는 물의 대부분은 수십억 년 동안 액체 상태로 유지될 수 있으며, 그 깊은 곳에서 매우 특별한 화학적 형태가 탄생할 것입니다. 이들은 구조적으로 단순하면서도 독창적인 기능을 갖추고 있어 적응 능력과 발달 능력이 매우 향상됩니다. 기본 분자를 통합하고 변형하여 더 복잡한 구조로 만드는 화학 시스템인 것이죠. 이들은 바로 환경조건에 반응하여 진화하고 번식할 수 있는 최초의 생명체입니다.

우주는 가장 큰 발걸음을 내디뎠습니다. 태양계가 형성된 지 약 10억 년이 흘렀고, 원시 생명체가 지구에서 발달하고 있습니다. 이제부터는 느리지만 확실하게, 이 복잡한 화학적 형태는 변화에 적응하고 지구의 더 넓은 지역으로 퍼져갈 것이며, 이러저러한 종의 폭발적 증가와 대량 멸종의 위기를 거쳐 흥망성쇠를 거듭해가면서 계속해서 성공을 이어갈 것입니다.

생명체의 유기적 조직은 단세포생물에서 식물과 동물, 그리고 우리에 이르기까지 더욱 복잡한 형태로 발전할 수 있는 이점이 있습니다. 강한 사회적 관계를 가진 이상한 유인원에게서 자연선택이 새로운 도구를 발달시킬 때 이 이야기는 거의 끝에 이르게 됩니다. 추가적인 진화적 이점을 가져다줄 이 도구란 상상하는 능력, 세계를 인식하고 어떤 형태의 자기의식을 갖는 능력입니다. 그때부터 이 이상한 동물 종은 행성 곳곳으로 퍼져나가 더욱 복잡한 도구를 갖추게 되고, 점점 더 정교한 세계관을 구축하여 자신만의 거대한 기원 이야기를 만들게 됩니다.

일곱째 날이 끝나고 창세기가 끝납니다. 138억 년이 지났습니다.

태양과 그 떠돌이별들

갑자기 커다란 분자 구름의 일부가 밀도가 더 높은 구역을 중심으로 붕괴하기 시작합니다. 우리는 은하의 조용한 부분인 오리온의 팔에 있으며, 처음보다는 덜 격렬하지만 여전히 주기적으로 격변이 발생하는 은하핵으로부터 안전한 거리에 있습니다.

중력 때문에 수소, 가스, 먼지는 농도가 가장 높은 지역으로 모이고 모든 것이 이 인력 중심 주위를 돌기 시작합니다. 각운동량 보존으로 인해 거대하고 평평한 원반이 형성되고 그 내부에서 밀도가 가장 높은 중심 영역이 계속 커져갑니다. 이 거대한 소용돌이의 눈에는 주로 분자 수소가 집중되어 있습니다. 계속해서 커지는 중력에 의해 으스러지는 원반의 중앙에서는 거대한 구형이 형성되고, 그 안에서 최초의 열핵융합반응이 촉발됩니다. 새로운 별이 탄생한 것입니다.

태양은 표면 온도를 수천 도까지 높이고 에너지를 먼 거리까지 전달할 수 있을 만큼 충분히 큽니다. 그러나 태양은 왜성으로 크기가 작기 때문에 그것을 구성하는 이 온화되고 압축된 수소를 천천히 소모하는 이점이 있습니다. 이 새로운 별은 100억 년 동안 계속 빛날 수 있을 것입니다. 이 정도면 안정적인 행성과 위성 시스템을 발달시켜 수십억 년 동안 매우 느린 변화 과정을 겪을 수 있을 만큼 충분한 기간입니다.

'행성'이라는 용어는 고대 그리스인들이 고정된 별과

비교하여 밤하늘에서 움직이는 별을 '플라네테스 아스테레스planetes asteres', 떠돌이별이라고 불렀던 데서 유래했습니다. 태양, 달, 그리고 육안으로 볼 수 있는 다섯 개의 천체(화성, 수성, 목성, 금성, 토성)는 떠돌이별이라고 여겨졌습니다. 이윽고 이 일곱 행성은 그 특징을 바탕으로 주요 신들과 연관됩니다. 활기차게 반짝이며 하늘을 재빠르게 가로지르는 수성은 신들의 민첩한 전령이 됩니다. 지평선에 낮게 떠 있을 때 흐린 핏빛을 띠는 화성은 전쟁의 신이 됩니다.

그런 식이죠. 이 일곱 가지는 요일의 순서가 되고, 그리스어에서 라틴어로, 라틴어에서 로망어로, 그리고 거의 모든 유럽 언어로 전해져 오늘날까지도 그대로 이어져왔습니다. 수천 년 동안 행성 지구의 주민들은 항상 이 '떠돌이들'을 좋아해, 그들의 이름을 사용하여 시간의 흐름을 표시해왔습니다.

그러나 이제 태양이 성운의 중심에서 빛나기 시작하면서 태양을 둘러싼 다양한 물질 고리들이 밀도가 가장 높은 영역 주위에서 차례로 뭉치고 있습니다. 그리하여 목성, 토성, 천왕성, 해왕성 등 바깥쪽 궤도를 차지하는 4개의 가스 거인이 형성되고 있습니다. 이 모든 일은 약

10만 년이라는 비교적 짧은 시간 동안 일어납니다. 암석 행성이 응집하는 데는 수천만 년이라는 훨씬 더 오랜 시간이 걸리죠.

태양은 다른 모든 별과 마찬가지로 형성 초기에 화려한 쇼를 펼칩니다. 태양의 밝기와 방출하는 방사선은 오늘날보다 훨씬 더 강렬합니다. 고온으로 가열되고, 태양의 자기폭풍이 생성한 하전입자들의 태양풍에 의해 추진되면, 원래 성운의 수소와 다른 가벼운 성분들은 가장 가까운 궤도에서 휩쓸려 나갑니다.

그것들은 거대한 가스 거인들이 점령한 지역으로 밀려나 가스 거인들의 거대한 덩어리 속으로 통합됩니다. 원시행성계 성운이 질서정연해지고 투명해지기 시작하는 동안, 태양계 안쪽은 점점 더 무거운 원소들이 풍부해집니다.

태양에 가장 가까운 지역에서 공전하는 먼지 알갱이들은 질량 때문에 방사선과 태양풍에 쓸려 나가지 않고, 서로 충돌하여 점점 더 큰 물체로 뭉치기 시작합니다. 그것들이 1km 정도의 크기에 도달하면 중력의 끌어당기는 힘이 주위에 가해져 점점 더 육중한 덩어리가 형성되고, 결국 무수한 암석 덩어리가 만들어집니다. 이들이

'미행성'planetesimal 또는 미소 행성으로, 바로 태양계의 행성, 위성, 암석 소행성들이 탄생할 씨앗이 됩니다.

수성, 금성, 지구, 화성은 목성 궤도 안쪽에 있는 암석형 행성으로 이러한 작은 천체들 수천 개가 무질서하게 충돌하여 뭉쳐지고 융합되어 탄생하게 됩니다. 크기가 커지면서 가장 무거운 물질인 철과 니켈은 고체 형태로 행성의 중심부에 집중됩니다. 중력으로 인한 압력 때문에 온도가 수천 도까지 올라가 금속 코어의 바깥층이 액화됩니다. 그 위에 암석과 가벼운 원소들이 떠서 상층에 집중되고, 액체 암석 껍질이 금속 코어를 감싸고 있는 한편, 완전히 냉각되면 단단한 암석 지각이 표면에 서서히 형성되어 점점 더 두꺼워질 것입니다.

이렇게 해서 약 45억 년 전에 여덟 개의 행성, 십여 개의 왜행성, 수백 개의 위성, 수천 개의 행성 이하 규모의 천체, 10만 개 이상의 소행성 등으로 이루어진 고도로 정교한 태양계가 형성되었습니다. 그리고 이 여덟 개의 행성 중에는 특히 특권적인 위치를 차지하고 있으며 엄청나게 운이 좋은 행성이 하나 있습니다.

운 좋게도
테이아가 우리를 타격하였다

우리 삶에서도 때때로 진정한 행운이 불운의 모습으로 찾아오는 경우가 있습니다. 공항에 늦게 도착해 비행기를 놓쳤다고 절망한 승객이 운 좋게 비행기 추락 사고를 피했다는 사실을 이후에 알게 됩니다. 그러나 더 일반적으로, 직업적 실패로 인해 직업을 바꾸거나, 가슴 아픈 실연을 당해 소중한 관계가 깨지는 경우에도, 몇 년이 지나 되돌아보면 인생에서 가장 슬퍼 보였던 시기가 실제로는 전환점이 되어 새로운 길을 열어주었거나, 진정으로 사랑하는 사람을 만날 수 있게 해주었다는 것을 깨닫게 될 때가 있습니다.

그러나 그 어떤 것도 지구가 처음 탄생했을 때 일어난 일에 비할 바가 아닙니다. 태양의 세 번째로 가까운 궤도에 큰 암성 행성이 들어선 지 약 1억 년이 지났습니다. 우리는 그것을 지구의 옛 이름인 가이아로 부를 것입니다. 가이아는 다른 행성들과 마찬가지로 미행성들이 뭉쳐서 점차적으로 형성되었으며, 충돌과 커다란 중력 섭동으로 특징지어지는 대격동의 시기를 거쳤습니다. 이제 최악의 상황은 끝난 것처럼 보였지만, 그 대신 무시무시한 위협이 기다리고 있습니다.

가이아보다 작지만 상당한 크기의 또 다른 천체가 우리 행성과 충돌할 수밖에 없는 궤도를 돌고 있습니다. 2011년 개봉한 덴마크 감독 라스 폰 트리에의 2011년 영화 '멜랑콜리아'의 악몽 같은 시나리오가 현실이 됩니다.

우리와 충돌하려는 행성의 질량은 화성과 비슷하며, 우리는 그것을 테이아Theia라고 부릅니다. 충돌이 일어나기도 전에 엄청난 기조력이 두 천체를 폐허로 만듭니다. 그런 다음 충돌이 일어나면 치명적인 충격이 가해집니다. 충돌로 발생한 에너지로 인해 두 거대한 천체는 오랫동안 함께 융합되고, 충격파가 그들을 빠르게 통과합니다.

그런 다음 가이아의 물질과 섞인 테이아의 일부가 이 치명적인 포옹에서 튀어나와 도망치려 하지만, 가이아의 중력장에 영원히 갇힌 채로 남아 있게 됩니다. 달이 탄생한 것이죠. 고대 그리스신화에서와 마찬가지로, 우라노스와 가이아의 딸인 티탄 여신 테이아가 '빛나는 자' 셀레네를 낳은 것처럼 말입니다.

가이아는 그 충돌과 달의 분리로 인한 충격을 흡수하

여 다시 구형의 모습을 되찾고 크기가 더욱 커져 행성 지구가 되었습니다. 지구-달 시스템의 기원에 대한 원시 대충돌 가설은 달 탐사에서 수집한 암석 분석에서 수많은 증거를 발견했습니다. 암석 내부에서 발견된 일부 산소 동위원소에는 뜨거운 원시적 포옹의 흔적이 화석처럼 남아 있었습니다.

달은 우리의 밤을 밝히고, 연인들을 꿈꾸게 하고, 음악가와 시인에게 영감을 주는 것만이 아닙니다. 태양계를 채우고 있는 수백 개의 다른 위성에 비해 매우 이례적인 이 위성은, 지구의 궤도를 안정시키는 데 근본적인 역할을 합니다. 지구-달 시스템은 태양 주위를 도는 공전운동을 안정화시키는 일종의 자이로스코프 역할을 합니다.

지구는 암석 행성 중 유일하게 대형 위성을 가지고 있습니다. 이 위성은 지름이 3,500km로 지구 크기의 약 4분의 1에 달하죠. 수성과 금성에는 위성이 없으며, 화성의 두 작은 위성인 포보스와 데이모스는 지름이 각각 22km와 12km인 작은 타원체에 불과합니다.

이 3개의 암석 행성은 태양과 태양계의 다른 거대 천체로 인한 중력 섭동에 노출되어 자전축과 궤도면 사이의 각도가 불안정합니다. 수백만 년의 시간 규모에서 보면 상당한 변동을 겪을 수 있으며, 수십 도까지도 변동되어 혼란스러운 변화의 시기를 겪을 수도 있습니다.

달이 없다면 우리에게도 같은 일이 일어날 것입니다. 달은 아주 무겁고 아주 가까이 있어서 자전축을 변화시키는 섭동을 약화시키기 때문입니다. 지구가 공전궤도면과 이루는 각도는 달의 존재 덕분에 안정화되어 단지 1도 정도의 변동성만을 갖습니다. 태양에 대한 지구의 기울기가 고정되어 있으면 비교적 안정적인 기후대가 오랜 시간 동안 유지될 수 있으며, 이는 복잡한 시스템이 천천히 형성되어가는 과정이 만들어지는 데 도움이 됩니다.

누군가가 아시아의 유목인처럼 달에게 "달아, 그 하늘에서 너는 무엇을 하는가? 말해줘, 침묵하는 달아, 너는 무엇을 하는가?"라고 다시 묻는다면, 그는 아마도 좀 덜 시적이겠지만 분명 아주 놀라운 대답을 듣게 될 것입니다. "내가 없었다면 계절도 없었을 것이며, 어쩌면 지구에 생명도 없었을 것이고, 나를 바라보며 물음을 던지는 유목인도 없었을 것이다"라고 말입니다. 테이아가 지구를 타격한 것은 우리에게 엄청난 행운이었습니다.

그리고 우리에게 일어난 행운은 그뿐만이 아닙니다.

또 다른 큰 행운은 거대한 목성이 우리 근처에 있다는 것이었습니다. 태양계에서 가장 큰 가스 행성인 목성은 지름이 14만 3,000km이고 무게는 지구보다 300배나 무겁습니다. 너무 이례적으로 커서 오늘날에도 그것을 행성으로 봐야 하는지, 작은 갈색왜성으로 봐야 하는지에 대한 논쟁이 있습니다.

가스 구체의 초기 질량이 충분히 크지 않으면 핵의 압력과 온도가 열핵융합을 촉발하지 못합니다. 하지만 몸체는 아주 뜨거워서 여전히 상당한 양의 에너지를 방출합니다. 이 실패한 별은 훨씬 낮은 온도에서 방사하는 미지근한 별이 됩니다. 이 별은 빛이 청색, 백색 또는 황색처럼 밝지 않고 탁한 적색으로 변하며 갈색 왜성이라고 불립니다.

목성은 실패한 별이지만 질량이 엄청나게 커서 태양계의 발달에 큰 영향을 미쳤습니다. 목성은 그 강력한 중력 때문에, 목성과 화성 사이의 넓은 지역인 소위 소행성대에 암석 행성이 형성되는 것을 막았습니다. 소행성들이 우주 공간으로 대량 밀려났고, 거대한 몸체로 통합되지 못하게 되었습니다. 여전히 수천 개의 암석 파편이 이 지역 궤도를 돌고 있는데, 이는 그들이 행성으로 조직되려고 할 때마다 거대한 이웃의 인력 때문에 방해를 받아 계속해서 충돌을 일으켜 남은 잔해입니다.

다섯 번째 암석 행성이 형성되지 못한 덕분에 지구를 포함한 내부 행성이 형성되기 위한 재료가 더 많이 남게 되었습니다. 그 결과 지구는 소중한 대기를 영구적으로 보유할 수 있을 만큼 충분히 커질 수 있었죠.

친절한 거인 목성은 고리를 두른 토성과 함께 내부 행성을 보호하는 파수꾼 역할을 합니다. 그 거대한 질량으로 그들은 위험한 소행성과 혜성을 자신을 향해 굴절시켜 집어삼킵니다. 거대한 보디가드처럼 그들은 우리가 매우 위험한 물체와 너무 가까이에서 만날 수 있는 위험을 막아줍니다.

이 일이 언제나 성공하는 것은 아닙니다. 6,500만 년 전 이리듐이 풍부한 직경 10km의 운석이 지구에 도달했거든요. 그러나 그러한 파괴적인 사건은 목성과 토성 덕분에 우리에게 매우 드문 일이 되었습니다.

목성의 거대한 방패는 지구에서 발달할 섬세한 생명체의 생존을 위태롭게 할 수 있는 파국적인 사건으로부터 우리를 지켜줍니다. 이 때문에 우리는 조정자이자 평화주의자인 위대한 행성 목성에 은혜를 입고 있습니다.

고대 그리스인들이 신들 사이의 갈등을 중재할 수 있는
제우스와 목성을 동일시한 것도 우연은 아닌 것입니다.

복잡성의 요람

지구의 비밀은 지구의 가장 깊은 곳에 숨겨져 있습니다.
단단한 핵과 용해된 금속 껍질 위에는 두꺼운 액체 암석
층이 떠 있습니다. 행성이 형성되던 초기부터 철과 기타
무거운 금속은 더 가벼운 성분과 구별되었습니다. 무거
운 금속은 가장 안쪽 층에서 밀집되었고, 가벼운 성분은
응집되어 두꺼운 외부 암석층을 이루게 되었죠. 중력 수
축에 의해 발생한 열은 내부 전체를 녹였고, 냉각되면서
생성된 얇은 암석 지각이 용융된 암석의 바다 위에 떠 있
습니다. 불안정한 동위원소의 방사성 붕괴 과정은 그 에
너지로 핵의 열에 연료를 공급하여, 수십억 년 동안 고온
을 유지하도록 돕습니다.

지각의 거대한 암석판은, 용융된 암석의 맨틀에서 형
성된 거대한 대류 세포의 에너지에 의해 끊임없이 움직
이고 있습니다. 그 결과 거대한 충돌이 일어나고 변형이

발생하여, 바다의 물로 채워질 깊은 계속과 높은 산이 만들어집니다. 생성된 균열을 통해서는 지각 아래에서 포효하던 뜨거운 마그마가 지표로 올라옵니다. 불의 신, 대장장이 불카누스는 지구의 경이로운 풍경을 만들기 위해 거대한 지하 작업장에서 끊임없이 일하고 있습니다.

지각이 형성되는 초기 단계에서 지구는 무시무시한 규모와 강도의 화산현상을 겪습니다. 이 격렬한 화산활동은 가스와 용융 암석 속에 녹아 있는 화학물질들을 지속적으로 표면에 흘러나오게 할 것입니다. 주로 수증기, 질소, 이산화탄소로 구성된 대기가 천천히 형성될 것이며, 거대한 암석 행성의 중력장이 이를 붙들어둘 것입니다.

물은 원시행성계 구름의 먼지에 이미 존재했으며, 그 분자는 지구 맨틀의 암석을 형성하는 분자와 혼합되어 있었습니다. 그 물의 대부분은 행성 형성의 가장 뜨거운 단계에서 증발하여 손실되었지만, 지속적인 화산 폭발로 인해 증기 형태로 다시 지표면으로 돌아올 것입니다. 행성에 있는 물의 대부분은 소행성과 혜성이 끊임없이 지구에 부딪히면서 생겨납니다. 물이 풍부한 탄소질운석과 얼음과 먼지로 이루어진 혜성의 지속적인 폭격은 지구를 이 새로운 물질로 가득 채울 것입니다.

우주가 100억 주년을 맞이할 때쯤에는 광활한 바다가 지구 표면의 대부분을 덮고 있습니다. 화산 폭발은 대기 중에 고농도의 이산화탄소를 공급하며, 그 온실효과로 인해 해양의 대부분은 매우 오랜 기간 동안 액체 상태로 유지됩니다.

지구에서 일어난 것과 유사한 현상은 태양계의 다른 많은 천체에도 물을 가져다주었습니다. 물은 목성, 토성, 천왕성과 같은 거대 가스 행성과 금성을 덮고 있는 구름에도 수증기 형태로 존재합니다. 화성의 극지방에는 얼음이 있고, 갈릴레이가 발견한 목성의 가장 작은 위성인 유로파는 100km가 넘는 서내한 얼음 바다로 덮여 있습니다. 표층 아래에는 액체 상태의 물이 많이 있을 것으로 추정됩니다. 토성의 대형 위성인 타이탄은 지구보다 훨씬 많은 물을 포함하고 있지만, 우리가 아는 한 여기서도 얼음 형태입니다. 아마도 토성의 또 다른 위성인 엔셀라두스에는 액체 상태의 물이 있을 것으로 추정됩니다.

지구의 뜨거운 심장은 이후의 발달에 매우 중요한 또 다른 선물을 우리에게 줍니다. 고체인 내핵을 중심으로 서로 다른 속도로 회전하는 액체 철의 동심원 층들은 하전입자를 끌어당겨 거대한 원형전류를 생성하는데, 이로부터 행성을 감싸는 얇은 자기장이 발생합니다. 하전 입자를 극을 향해 굴절시키는 보이지 않는 구조는, 복잡한 화학 조직의 결합을 쉽게 끊을 수 있는 우주 방사선의 파괴적인 영향으로부터 지구를 보호합니다. 이로써 우리에게 매우 밀접한 영향을 미칠 일련의 사건들이 시작되기 위한 재료가 이제 모두 준비되었습니다.

탄소, 수소, 질소, 산소, 인, 황은 주요 유기 분자의 기본 구성 성분입니다. 이들은 우주의 거의 모든 곳에 존재하며 원시 지구의 환경에도 풍부하게 존재했습니다. 생명체에서 발견되는 주요 생체분자의 전구체는 해저화산이나 열수 분출구 근처의 심해에서 이러한 원소들로부터 생성될 수 있습니다. 우리는 염분이 풍부한 고온의 물이 다양한 종류의 기체와 혼합되는 이러한 매우 특별한 환경에서 최초의 생물학적 구조가 출현하는 것을 볼 수 있습니다. 일산화탄소, 암모니아, 포름알데히드를 아미노산, 지질, 다당류, 핵산으로 변형시키는 화학반응은, 최초의 단백질을 만들고 정보를 조직하여 가장 원시적인 형태의 DNA를 만들어낼 수 있을 만큼 충분히 오래 작동할 수 있었습니다.

우리는 또한 극한의 온도에서 생존할 수 있는 박테리

아나 다른 매우 단순한 살아 있는 유기체가, 처음 10억 년 동안 끊임없이 지구를 덮친 소행성과 혜성을 통해 지구에 도착했을 수 있다는 가설도 고려해야 합니다. 혜성의 암석 잔해나 얼음 섞인 먼지에 박혀 있는 원시 생명체는 다른 곳에서 기원하여 거대한 충돌이나 폭발에 의해 우주로 날아가 태양계 전체에 살아있는 물질을 퍼뜨렸을 수도 있습니다. 최초의 생명체가 실제로 우주에서 왔다면, 지구는 그들에게 분명 서식하기 좋은 환경이었을 것입니다.

확실한 것은 35억 년 전, 바닷물의 보호막 아래에서 자외선의 공격을 피해 최초의 기본 생물학적 구조가 진화하기 시작했다는 사실입니다. 이는 극히 작은 조류인 남세균으로, 그들의 발달은 또 다른 획기적인 변화를 일으키게 됩니다. 남세균은 작은 필라멘트형태로 스스로를 조직하는 단세포 유기체이며 크기가 1,000분의 1mm보다 작은 원핵생물입니다. 즉, 유전물질이 핵막에 의해 보호되지 않고 세포 내에서 자유롭게 떠돌아다니는 특징이 있습니다.

남세균은 (광합성이라고 불리는 과정을 통해) 빛을 포착하여 에너지로 변환할 수 있으며, 이 메커니즘을 완벽히 구현해 다양한 환경에 적응하여 군집을 이룰 수 있습니다.

이산화탄소와 햇빛에서 당이 합성되고 산소가 배출되는 이 생화학 반응은 지구의 환경을 근본적으로 변화시켰습니다. 조류에 의해 생성된 산소는 처음에는 바다 밑바닥에 풍부했던 철에 흡수됩니다. 그러나 남세균의 개체 수가 과도하게 증가하자, 철이 더 이상 흡수하지 못한 산소가 물 밖으로 나오면서 대학살이 일어났습니다. 지구 대기의 구성은 급격히 변했고, 결국 변화된 환경조건에 적응하지 못한 모든 유기체에게 점점 더 유독해졌습니다. 이는 다양한 원시 생명체를 대량으로 멸종시킨 최초의 재앙이었지만, 새로운 종이 빠르게 발달할 수 있는 길을 열어주기도 했습니다.

약 24억 년 전 지구에는 소량의 산소가 안정적으로 포함된 대기가 존재했습니다. 이 공기는 아직 우리 인간들이 숨쉴 수 없는 것이었지만, 이제 그 과정은 되돌릴 수 없는 것이 되었습니다.

최초의 원핵생물의 후계자인 생명체는 유전물질을 보호하는 핵을 발달시켰고, 이를 통해 얻은 진화적 이점 덕분에 진핵생물이 결정적으로 성공을 거둘 수 있었습니다. 산소 함량이 높은 새로운 대기는 최초의 다세포 유기체가 발달하는 데 유리하게 작용한 것으로 보이며, 이는 최근 발견에 따르면 약 20억 년 전에 있었던 일로 보입니다. 여기서부터 점점 더 복잡한 다양한 생물학적 형태들이 확산되었고, 다양한 위기와 확장 단계를 거치고 자신을 변화시키면서 끔찍한 대량 멸종에서 살아남았습니다.

약 5억 년 전, 지구가 거대한 온실효과로 인해 엄청난 온난화 단계를 겪었을 때 새로운 생명체들이 폭발적으로 등장했습니다. 캄브리아기의 이산화탄소 수치는 오늘날보다 20배나 높았으며, 지구의 평균기온은 지금보다 10도나 높았습니다. 그 결과 매우 다양한 형태의 식물과 최초의 척주동물, 어류, 그리고 나중에는 대형 파충류가 출현하는 등, 생명체의 종류가 폭발적으로 증가했습니다.

그러나 새로운 대격변이 이 시나리오를 근본적으로 바꾸어 놓았습니다. 6,500만 년 전 거대한 운석의 충돌로 인해 발생한 먼지 구름 때문에 기후가 큰 변화를 겪습니다. 갑작스러운 추위가 지구를 뒤덮어 공룡이 대량 멸종하는 한편, 살아남은 작은 포유류는 비어 있는 모든 생태적 틈새를 차지할 수 있는 뜻밖의 기회를 얻게 되었습니다.

그리고 수백만 년 전 아프리카 뿔 지역의 협곡과 사바나 지역에 한 영장류 집단이 등장합니다. 이들은 두드러진 사회적 성향과 전례 없던 상상력과 도구 제작 및 사용 능력으로 이전 종들과 차별화되었습니다. 계획, 예견, 도구 제작으로 이어지는 이 자기 인식의 불꽃은 최초의 고인류에게 엄청난 진화적 이점이 될 것입니다. 이윽고 최초의 호미니드는 세대를 거듭하며 다양한 환경조건에 빠르게 적응해가면서 지구상의 모든 지역에 서식하게 되었습니다.

그리고 지금에 이르렀습니다. 눈 깜짝할 사이에 그 역사가 우리에게까지 이어져왔습니다.

외계 행성

우주에 생명체가 살고 있는 수많은 세계가 존재할 수 있다는 생각은 소크라테스 이전 이오니아 철학자들로 거슬러 올라갑니다. 처음으로 그런 통찰을 가졌던 사람은 탈레스의 뛰어난 제자인 밀레투스의 아낙시만드로스였습니다. 그는 지구가 떨어지지 않고 아무것으로도 떠받

처지지 않고 공중에 떠 있다는 혁명적인 아이디어를 최초로 낸 사람이기도 했습니다.

'무한한 세계'라는 이 개념은 피타고라스학파가 처음 받아들였고, 그 다음에는 루크레티우스Lucretius Carus를 시작으로 에피쿠로스와 로마 시대 그의 추종자들이 명시적으로 받아들였습니다. 수세기 동안 이 아이디어는 아리스토텔레스 사상의 지배에 의해 억눌려 있다가, 윌리엄 오컴William of Ockham♦에 의해 조심스레 다시 등장한 후 마침내 르네상스 시대에 니콜라우스 쿠사누스Nicolaus Cusanus와 조르다노 브루노Giordano Bruno에 의해 폭발적으로 발전했습니다. 무수히 많은 태양과 지구가 있다는 생각을 유럽 전역에 퍼뜨린 사람은 이탈리아 놀라 출신의 철학자 조르다노 브루노였습니다. 그가 로마의 캄포 데 피오리에서 비극적인 최후를 맞이하게 된 것은 이 위험한 생각을 제한된 전문가 집단 밖에서 전파하는 대중적인 활동을 했기 때문이었을 것입니다.

오늘날 과학은 이 용감한 사상가들의 직관을 확인시

♦ 14세기 잉글랜드 프란치스코회 탁발수도사, 신학자인 굴리엘무스 옥카무스Gulielmus Occamus를 영어식으로 표기한 것.

켜주었지만, 우리는 여전히 아주 단순한 질문에도 답하지 못합니다. 우주 어딘가에 지적 생명체가 존재하는가? '큰 수의 법칙'에 따르면 그럴 가능성이 매우 높아 보이지만, 지금까지 수집된 증거만으로는 결론에 이르기에 충분하지 않습니다.

지난 30년 동안 특히 외계 행성 연구에 엄청난 진전이 이루어져 상황은 급속도로 발전했습니다. 외계 행성이란 우리의 태양이 아닌 다른 별의 주위를 공전하는 행성을 가리키는 말이죠. 최근까지만 해도 행성을 품고 있는 별의 비율은 매우 적은 것으로 생각되었습니다. 그러나 최근 몇 년 동안 행성을 탐지하는 기술이 정교해지면서 매달 새로운 관측 결과가 발표되었습니다. 현재까지 3,700개 이상의 외계 행성이 발견되었습니다.✦

외계 행성을 탐지하기 위한 최초의 노력은 1940년대까지 거슬러 올라갑니다. 하지만 당시에는 다소 조잡한 위치 천문학 방법과 같은 관측 기술이 사용되었습니다. 중력의 법칙에 따라, 행성이 있는 경우 모항성 역시 행성계의 질량중심을 둘러싸고 작은 회전을 합니다. 행성의

✦　2024년 1월 기준으로 약 5,500여 개의 외계 행성이 확인되었다.

질량이 클수록 별의 주기적 변위도 커집니다. 그래서 천문학자들은 모항성의 위치에서 주기적으로 작은 섭동을 찾고 있었지만, 결과는 실망스러웠습니다.

같은 원리를 이용하지만 더 정밀한 분광측광을 활용하는 시선속도법을 사용하기 시작했을 때 처음으로 놀라운 일이 나타났습니다. 별빛의 방출스펙트럼을 분석하고 다양한 주파수에 해당하는 선을 시간에 따라 확인합니다. 별이 행성의 존재로 인해 궤도운동을 하는 경우, 도플러효과로 별빛의 방출 주파수가 주기적으로 조금씩 변하는 것이 측정됩니다.

이 새로운 기술 덕분에 1990년대에 최초의 외계 행성이 발견되었습니다. 그러나 이들은 우리 목성과 비슷한 거대한 천체였습니다. 대부분 기체로 이루어진 뜨거운 거대 천체들로, 모항성에 매우 가깝게 중력을 받고 있어 표면 온도가 매우 높았습니다.

이 분야는 '통과법이' 개발된 이후 비약적인 발전을 거듭해왔으며, 그 덕분에 수십만 개의 별을 동시에 관측할 수 있었습니다. 이 방법은 정밀 측광에 기반한 기술로, 별의 밝기를 계속 관찰하면서 행성이 그 앞을 통과할 때 일어나는 빛의 아주 작은 감쇠를 측정하는 것입니다.

이 경우에도 교란은 주기적인 특성을 가져야 합니다. 교란의 특징적인 형태를 통해 행성의 크기를 측정할 수 있으며, 이 정보는 질량을 알려주는 시선속도 측정과 결합되어 밀도를 알 수 있게 해줍니다.

최신 측정 장비들은 관측 범위를 수천 광년 거리까지 확장할 수 있고 수성보다 작은 행성도 식별할 수 있을 정도로 감도가 뛰어납니다.

이런 식으로 지난 몇 년 동안 새로운 '땅'을 찾기 위한 노력은 놀라운 결과를 낳았습니다. 이제 우리 은하의 많은 별들이 행성에 둘러싸여 있다는 것이 분명해졌습니다. 대기가 있고 생명체가 발달했을 가능성이 있는 행성을 발견하는 것은 시간문제일 뿐입니다.

외계 행성이 대기에 둘러싸여 있으면 모항성의 빛은 상층을 통과한 후 우리에게 도달할 것입니다. 이 과정을 통해 우리에게 필수 정보를 줄 수 있는 어떤 특성들이 약간 변경됩니다. 장기간 관측을 하면 행성에 대기가 있는지 여부뿐만 아니라 물, 이산화탄소, 메탄이 포함되어 있는지 여부를 곧 확인할 수 있을 것입니다. 물론 이것만으로는 생명체가 존재한다는 것을 확신하기에 충분하지 않죠. 그러나 숫자의 힘은 인상적입니다.

각 은하에 약 1,000억 개의 별이 있다는 것을 감안하면, 암석 행성도 아주 많이 있다고 가정해야 합니다. 사람이 살 수 없는 지역을 공전하는 행성을 제외하더라도, 생명체가 살 수 있는 행성, 즉 액체 상태의 물을 가질 수 있는 행성은 여전히 많을 것입니다.

우리가 이미 보았듯이, 이것만으로는 섬세하고 복잡한 형태의 생물학적 구조가 발달하는 데 유리한 조건을 보장하기에 충분하지 않습니다. 행성의 질량도 중력으로 대기를 유지할 수 있을 만큼 충분히 커야합니다. 우주 방사선으로부터 행성을 보호할 자기장도 있어야 하죠. 끝으로 안정적인 궤도를 유지하고 은하의 큰 재앙들에서 멀리 떨어진 구역에 위치하는 것도 매우 도움이 됩니다. 그러나 무엇보다도 중요한 것은 충분한 시간입니다. 안정적인 조건이 수십억 년 동안 지속될 수 있어야 하는 것입니다.

얼마 전 독일의 위대한 천문학자의 이름을 딴 나사 탐사선 케플러는 1,284개의 새로운 외계 행성을 발견했다고 알려왔습니다. 한편 칠레의 라 시야 천문대의 데이터를 연구하는 벨기에 천문학자 그룹은 지구로부터 물병자리 방향으로 불과 39.5광년 떨어진 곳에 위치한 적색 왜성 트라피스트-1을 도는 작은 행성계를 발견했습니다.

이곳에는 7개의 암석 행성이 있으며, 그중 일부는 지구와 매우 유사합니다. 그중 3개는 이른바 거주 가능 구역에, 즉 지구와 비슷한 온도를 유지할 수 있을 정도로 모항성에서 떨어진 곳에 있습니다. 만일 물이 있다면 이 아름다운 지구에 널리 분포되어 있는 것과 같은 호수와 바다도 형성될 수 있을 것입니다. 이제 우리는 어디를 봐야 할지 알았으니, 그들의 특성들도 더 잘 이해하고 행성에 대기가 있는지도 확인할 수 있을 것입니다.

우리가 알고 있는 바에 따르면, 작은 행성계의 나이가 겨우 4억 년이라는 점을 감안할 때 트라피스트-1은 생명체가 존재하기에는 너무 젊습니다. 그러나 우리는 일련의 긴 발견의 겨우 시작점에 와 있을 뿐입니다. 카운트다운은 이미 시작되었습니다.

몇 년 안에 우리가 최초의 명백한 데이터를 수집하고 마지막 의구심이 사라지게 되면, 우리 앞에는 두 가지 도전이 열리게 될 것입니다. 한편으로는 이 진정한 문화적 충격을 흡수하는 것이고, 다른 한편으로는 아무리 먼 거리라도, 새로운 세계와 접촉하거나 심지어 방문하는 데 적합한 기술을 개발하는 것입니다. 다시금 과학은 큰 걸음을 내딛고 있으며, 불변할 것 같았던 패러다임의 변화에 직면해 있습니다.

그러나 이제 다시 기원에 대한 이야기로 돌아가봅시다. 태초로부터 138억 년이 흘렀습니다. 우리의 먼 조상 중 한 사람이 일어나 이야기를 시작하고 다른 이들이 둘러앉아 넋을 잃고 이야기를 듣고 있는 바로 그 순간, 일곱째 날이 끝납니다.

우리를 인간으로 만드는 것

THE
STORY
OF
HOW
EVERYTHING
BEGAN

GENESIS

그 일이 정확히 언제 일어났는지, 누가 처음이었는지도 알 수 없을 것입니다. 그가 사용한 언어도, 그가 작은 집단에게 전하고자 했던 메시지도 재구성할 길이 없습니다. 어쩌면 집단적인 환희와 기쁨의 순간을 축하하고 있었을 수도 있고, 끔찍한 불행을 겪은 후 위로를 구하고 있었을지도 모르겠습니다.

우리가 확실히 아는 것은 우리 역사의 어느 시점에서 누군가가 이야기를 하기 시작했다는 점입니다. 그는 분명 어딘가 남다른 사람이었을 것이며, 어쩌면 마음의 병을 앓고 있거나, 아니면 가만있지 못하는 성격이어서 놀라운 방식으로 단어들을 연결했을 것입니다. 우리는 단지 장면을 상상할 수 있을 뿐입니다. 어슴푸레한 동굴 속에서 10~15명의 일족이 한 사람을 중심으로 둘러앉아 있습니다. 그는 다른 사람들을 매료시키는 힘을 발견했고, 단어들로 이루어진 마법의 실로 그들을 묶습니다. 새로운 맥락에서 사용되는 일련의 표현들은 실용적인 기능에서 벗어나 공중을 날아다니며 노래가 되고, 시가 되고, 집단적 지식이 됩니다. 의식의 말들은 심오한 상징적 가치를 지니고 모든 사람을 사로잡습니다.

상징적 세계의 구축

최근 수십 년 동안 계속되어온 발견을 통해 우리는 최초의 상징적 세계가 네안데르탈인들에게서 등장했다는 결론을 내렸습니다. 약 4만 년 전 호모사피엔스가 유럽에 나타나기 전에, 수십만 년 동안 유럽에 존재했던 종이죠.

두 종 모두 호모 하이델베르겐시스Homo Heidelbergensis 라는 공통 조상에서 유래한 것으로 보이며, 이는 100만 년 이상 전에 아프리카에서 호모에렉투스로부터 진화한 종입니다. 이 종은 아프리카 대륙에 정착한 후 약 60만 년 전 간빙기에 유럽과 아시아로 퍼져나갔을 것입니다. 아프리카에 남아 있던 하이델베르겐시스로부터 호모사피엔스가 분화되었고, 유럽에 정착한 하이델베르겐시스로부터 네안데르탈인이 파생되었습니다. 완전히 다른 환경과 맥락에서 진화한 두 종은 서로 다른 특성을 발전시켰지만 유전적 관점에서 볼 때는 매우 가깝습니다. 형제라고까지는 못하더라도 사촌이라고는 할 수 있을 만큼 가깝죠.

네안데르탈인의 신체적 특징은 그들에 대한 편견을 갖게 했습니다. 팔다리가 날씬한 사피엔스보다 더 육중

하고 튼튼한 네안데르탈인은 더 원시적이고 덜 발달한 것으로 여겨져왔습니다. 그러나 실제로 그러한 신체적 특징은 매우 힘든 환경에 잘 적응한 결과입니다.

네안데르탈인이 수십만 년 동안 살았던 유럽은 기후가 매우 혹독했습니다. 짧은 기간의 따뜻한 시기와 매우 긴 빙하기가 번갈아 나타나 그곳에 서식하는 종의 생존 능력이 한계를 시험 받게 되었습니다. 햇빛이 부족해지자 유전적 변이가 일어나, 네안데르탈인은 그들의 조상보다 훨씬 더 하얄 뿐만 아니라 아프리카에서 처음 유럽에 왔을 때의 사피엔스 조상보다도 훨씬 밝은 하얀 피부를 갖게 됩니다. 대부분 갈색, 금발 또는 붉은색 머리카락과 밝은 색 눈을 가지고 있습니다. 모두들 튼튼한 몸과 단단한 뼈, 발달된 근육을 지니고 있는데, 이는 혹독한 기후를 견디고 거친 지역에서 생존하는 데 중요한 특성입니다. 네안데르탈인의 두개골 용량은 사피엔스보다 커서 우리보다도 뇌가 더 큽니다. 그러나 머리는 계란형으로 럭비공과 비슷하게 생겼고, 이마는 낮고 튀어나왔으며 후두골이 두드러져 있습니다. 코가 크고 눈썹이 융기되어 있으며 턱이 돌출된 얼굴입니다.

요컨대 네안데르탈인의 외모는 우리 사피엔스가 우리

자신의 모습으로 구축한 아름다움의 기준과 대조됩니다. 그러나 오늘날 지하철에서 정장 차림에 넥타이를 맨 네안데르탈인을 만난다 해도 그렇게 놀라지는 않을 것입니다. 무한히 다양한 모습을 지닌 인간 중에서 이 고대종의 특징과 매우 유사한 특징을 발견할 수 있기 때문입니다. 하지만 이 투박한 외모를 지닌 우리 인류의 사촌은 생존을 위한 가장 강력한 도구 중 하나를 개발할 수 있었던 것으로 보입니다. 그것은 바로 상징적 세계입니다.

네안데르탈인은 운동선수처럼 강한 신체를 가졌으며, 고단백질 식단으로 얼음에 덮인 유럽의 추운 기후에서 살아남을 수 있었습니다. 은신처를 만들고 몸을 보호하기 위해 그들은 동물의 가죽을 벗기고 다듬는 일에 능숙했으며, 근력이 강한 손을 사용해 돌과 나무로 매우 정교한 도구를 만들었습니다. 이들은 부싯돌을 날카롭고 뾰족한 도구로 가공하는 전문가로, 무스티에 방식Mousterian이라고 불리는 절단 기술을 사용했습니다. 이 기술을 통해 뾰족끝석기, 원반, 칼날, 긁개, 손도끼 등 그들의 특별한 기술의 산물을 유럽 전역에 널리 퍼뜨립니다. 칼날이나 뾰족끝석기 형태의 도구 중 상당수는 타르로 나무막대에 붙여 긴 창과 같은 치명적인 무기로 사용됩니다.

네안데르탈인은 잡식성이지만 육류가 식단의 절반을 차지했습니다. 큰 사체를 발견할 때에는 죽은 동물의 고기를 먹기도 했지만, 무엇보다 그들은 매우 숙련된 사냥꾼입니다. 그들은 끝을 불로 단련한 창과 길이가 2m가 넘는 창을 사용했으며, 이러한 무기로 곰과 코끼리를 포함한 대형동물을 사냥할 수 있었습니다.

대규모 사냥을 조직하려면 정교한 형태의 의사소통과 잘 정의된 위계질서를 통해 다른 사냥꾼들과 전략을 공유해야 합니다. 소리를 질러 사냥감을 미리 정해진 장소로 유인하는 그룹, 사냥감을 함정 쪽으로 밀어 넣어 가장 강하고 용감한 사냥꾼이 공격할 수 있게 하는 그룹, 너무 큰 위험을 감수하지 않고 사냥감에게 최후의 일격을 가하는 그룹 등으로 일을 나누어서 할 필요가 있습니다. 집단 전체가 사냥에 참여했을 가능성이 높지만 그래도 위험이 가득한 작업이었습니다. 뼈에서 발견된 많은 골절의 흔적으로 보아, 사냥에 참여한 구성원들은 종종 끔찍한 상처를 입었습니다. 중상을 입었던 사람이 매우 고령의 나이까지 생존했다는 증거를 보면, 이 집단이 부상을 치료하고 부상자들을 돌보았다는 사실을 알 수 있습니다. 이는 젊은 구성원들의 도움과 공동체 전체의 지원이 없이는 불가능했을 것입니다.

사회조직이 이처럼 발달했기에 네안데르탈인이 복잡한 문화생활을 했다는 것은 놀라운 일이 아닙니다. 그러나 고고학적 발견은 그들의 문화에 대해 놀라운 사실들을 알려줍니다. 네안데르탈인이 죽은 자를 태아의 자세로 묻고 시신을 붉은 색으로 칠했다는 증거가 있습니다. 깃털이 달린 황토를 칠한 장신구, 사슴 이빨이나 독수리 발톱으로 만든 목걸이 등도 발견되었습니다.

황토를 사용한 것은 특히 의미심장합니다. 붉은색이 피의 색이고 사람이 핏속에서 태어나고 죽기 때문입니다. 죽은 자를 태아의 사세로 묻고 붉은 색으로 칠한 것은 아마도 죽음이 새로운 탄생이라고 상상한 것일 수도 있습니다. 이것은 중요한 단서가 됩니다. 소규모 집단으로 구성되고 끊임없이 생존에 대한 압박을 받는 사회가, 죽은 자의 시신을 돌보고 장례 의식을 조직하는 일에 귀중한 시간과 에너지를 바치고 있는 것입니다. 그렇다면 이 문명은 자신의 상징적 세계를 거의 음식 이상으로 중요하게 여기는 것이 분명합니다. 그들의 세계관에 자양분을 공급하는 일련의 의례와 예식을 필수불가결한 것으로 간주할 정도로 말이죠.

다른 연구 결과도 이러한 가설을 뒷받침합니다. 동굴 입구에서 수백 미터 들어간 깊은 곳에서는 종유석 파편으로 만든 인상적인 원형 구조물이 발견되었습니다. 누가 이 무리를 이끌고 캄캄한 어둠 속에서 땅속 깊은 구불구불한 길을 따라 그렇게 멀리까지 이동했을까요? 왜 굳이 수십 킬로그램이나 되는 무거운 돌을 깨뜨려 미리 정해진 장소까지 운반하는 수고를 들이는 것일까요? 그리고 왜 그것들을 원형으로 배열하느라 에너지를 쓰는 걸까요? 원형 구조물의 의례적 기능은 우리가 알 수 없지만, 그것을 만드는 데 시간과 노력을 기울일 가치가 있을 만큼 아주 근본적인 것이었다고 여겨집니다. 크기는 아주 크지 않지만 그 기능이 똑같이 흥미로운 물건들에 대해서도 비슷한 것을 상상해볼 수 있습니다. 기하학적 기호가 새겨진 뼈, 뼈로 만든 작은 피리, 수정이나 기타 보석으로 깎은 양날 칼 등은 실용적인 목적으로 사용되지 않았으며 아마도 사라진 의식과 관련된 것일지 모릅니다.

스페인에서 발견된 동굴벽화의 연대를 정확하게 측정할 수 있게 되면서 네안데르탈인의 상징적 세계에 대한 의구심은 사라졌습니다. 3개의 동굴에서 12개의 표본이 발견되었고, 이는 사피엔스가 유럽 대륙에 도착하기 2만 년 전인 6만 5,000여 년 전의 것으로 밝혀졌습니다. 놀라움에 정점을 찍기라고 하는 듯, 스페인 남동부의 로스 아비오네스 동굴Cueva de los Aviones에서 연구원들은 구멍이 뚫려 있고 장식된 조개껍데기를 발견했는데, 그중에는 최소 11만 5,000년 전으로 거슬러 올라가는 빨간색, 노란색, 검은색 안료의 흔적이 남아 있는 조개껍데기도 있었습니다. 아마도 이 조개껍데기들은 황토색과 검은색으로 동물과 점, 기하학적 도형, 손자국 그림 등을 벽에 그리기 위해 안료를 준비하는 데 사용된 그릇이었을 것입니다.

우리는 벽에 그려진 기호, 그림, 나서가 그들에게 무엇을 의미했는지는 정확히 알 수 없습니다. 기호, 사다리, 동물, 사냥 장면 등이 있는데, 그것들은 숙달된 손으로 능숙하게 그려졌습니다. 우리는 먼 조상들의 동굴벽화를 볼 때 자연주의적인 방식으로 해석하는 경향이 있습니다. 수만 년 후 사피엔스가 만든 놀라운 동굴벽화도 마찬가지죠. 약 1만 8,000년 전으로 거슬러 올라가는 알타미라동굴이나 라스코동굴을 생각해보면 그렇습니다. 동굴 벽에는 동물과 인간, 사냥 장면 등이 길게 늘어서 있습니다. 하지만 캄캄한 동굴 속으로 들어가 횃불이나 따로 특별히 피운 불로 동굴을 밝히고, 색 안료를 찾아 기술적으로 혼합해 수년간 연습을 거듭해서 그림을 그리는 일이, 그저 일상의 장면이나 그려놓자는 것일까요?

이 동굴들에 그림을 그리는 모든 손 뒤에는 훈련되고 엄선된 이들로 이루어진 일종의 학교가 있습니다. 가장 뛰어난 재능을 가진 사람만이 생존을 위한 고된 노동에서 적어도 잠시나마 면제되는 특권을 누릴 수 있었을 것입니다. 사피엔스와 그 이전 네안데르탈인 중 기술을 전수하는 스승이 있어서, 제자 중에 가장 유망한 사람을, 즉 귀중한 기법과 지식의 유산을 맡길 사람을 선택했다고 우리는 상상해야 합니다. 이 그림들을 젊은이들에게 사냥 기술을 설명하기 위해 그린 것이라고 주장하는 것은, 시스티나성당 천장의 창조주 하느님의 검지가 아담의 검지와 맞닿아 있는 그림이 전형적인 유대인식 인사를 나타낸 것이라고 믿는 것과 같습니다. 이 프레스코화의 세부 묘사 뒤에는 어떤 상징적 세계, 한 사회 전체가 기리고 전승하고자 전체 사회의 기본 틀이 놓여 있습니다.

우리는 네안데르탈인이 그들의 벽화에 어떤 의미를 부여했는지 알 수는 없지만, 그들의 눈에는 그 작품들이 엄청난 가치를 지니고 있었다는 것은 알 수 있습니다. 그 동굴에서 행해진 의례와 의식이 그 사회를 하나로 묶는데 매우 중요했을 것이기 때문입니다. 호모사피엔스가 더 풍부한 언어, 더 명료한 사회구조, 더 발달된 상징 세계를 가지고 있었기 때문에 네안데르탈인을 대체했다는 편견은 완전히 잘못된 것으로 밝혀졌습니다.

상징적 사고의 출현은 인류 진화의 중요한 이정표 중 하나입니다. 이제 우리는 이러한 발달이 보여주는 더 정교한 인지능력이 호모사피엔스의 특권이 아니라 훨씬 더 오래전에 기원했으며 네안데르탈인도 공유한 것임을 알고 있습니다. 아마도 그 기원을 밝히기 위해서는 시간을 더 거슬러 올라가 최초의 네안데르탈인에 대한 연구에 집중하거나, 두 종의 기원이 된 공통 조상까지 거슬러 올라가야 할 것입니다.

확실한 것은 우리를 인간으로 만든 과정과 밀접하게 연결된 위대한 기원 이야기를 짓는 일의 뿌리가 시간의 안개에 가려져 있다는 것입니다.

태초에 '타우마'가 있었다

《테아이테토스》에서 소크라테스는 "철학자에게 적합한 상태는 '타우마제인thaumazein'이다. 그리고 철학에는 이것 외에 다른 원리가 없다"고 말합니다. 아리스토텔레스 역시 《형이상학》의 첫 장을 여는 유명한 구절에서 "인간은 타우마제인에 의해 철학을 하게 된다"고 썼습니다. 타우마제인에는 요술을 의미하는 'thaumaturgy'와 같이 어근 '타우마thauma'가 들어 있는데, 타우마는 흔히 '놀라움', '경이로움'으로 번역되었습니다. 철학은 우리를 매혹하고 압도하는 설명할 수 없는 무언가를 마주했을 때 생기는 호기심이 섞인 놀라움에서 탄생한다고 합니다. 아리스토텔레스는 인간이 가장 단순한 질문에서 시작하여 달, 태양, 다른 별들에 대해 질문하고 우주 전체가 무엇으로부터 생성되었는지 묻기에 이르기까지 점점 더 복잡한 현상에 대해 궁금해하게 되었다고 명시적으로 쓰고 있습니다.

별이 총총한 하늘을 바라볼 때 느끼는 경이로움은 오늘날에도 강렬하며, 그 속에는 우리 이전의 수천 세대들이 공유했던 오래된 경이로움의 메아리가 담겨 있을 것입니다. 그러나 이러한 느낌만으로 커다란 질문에 답을 찾고자 하는 깊고 원초적이며 거의 타고난 충동이 어디에서 오는지 이해하기는 충분하지 않을 것입니다.

이탈리아의 철학자 에마누엘레 세베리노Emanuele Severino는 이 주제를 다루며 타우마를 '고뇌가 섞인 경이로움'으로 번역해야 한다고 주장했습니다. 이렇게 하여 단어의 원래 의미를 되찾을 수 있고, 지식은 '갑자기 닥쳐오는 파괴적인 사건이 유발하는 공포에 대한 해독제' 역할을 할 수 있을 것이라고 합니다.

실제로 호메로스는 오디세우스의 불행한 동료를 찢어발기고 삼키는 외눈박이 괴물 폴리페모스를 묘사한 때 타우마를 언급하기도 했습니다. 이 경우 단어에 내재된 고뇌와의 연관성이 더 분명해집니다. 거대한 몸을 가진 괴물인 신화 속 키클롭스의 모습은 놀라움과 공포를 동시에 불러일으킵니다. 자연의 야만적인 힘을 상징하는 이 거인은 그의 놀라운 힘으로 경이로움을 불러일으키는 동시에 우리의 연약함과 덧없음의 느낌을 통해 고뇌를 불러일으킵니다. 폭발하는 화산이나 끔찍한 허리케인과 같은 자연의 무시무시한 힘은 순식간에 인간을 산산조각 내고 집어삼킬 수 있기 때문에 우리를 매혹시키면서도 두려움에 떨게 만듭니다. 이 웅장한 장면에서, 고통과 죽음에 끊임없이 노출되는 연약한 존재인 인간의 역할은 전혀 중요하지 않죠.

신화적이든 종교적이든, 철학적이든 과학적이든, 경이로움에 대해 설명을 제공하는 이야기는 그 순간 우리를 위로하고 안심시킵니다. 통제할 수 없는 일련의 사건에 질서를 부여하고 불안과 공포로부터 우리를 보호해줍니다. 이 이야기 속에서는 모든 사람에게 역할이 있고 모두가 각자의 역할을 수행하고 있기에, 이 이야기는 존재의 장엄한 순환에 의미를 부여합니다. 우리는 보호받고 있다고 느끼기 때문에 안심이 되고, 죽음에 대한 두려움도 가라앉습니다. 우리는 우리의 모든 것이 곧 끝날 것이고, 더구나 우리를 둘러싼 물질 구조의 진화 주기의 긴 시간에 비하면 아주 금방 끝나리라는 것을 알고 있지만, 그 전체가 우리 이야기의 질서에 따른다는 사실을 알기에 안심이 됩니다.

수백만 년 동안 인류는 나날이 살아가는 생활의 가혹함을 받아들여야 했습니다. 지난 수십 년 동안, 그리고 전 세계 인구의 일부에게만, 이 극도의 취약함과 총체적 불안정성의 경험이 잦아들었을 뿐이죠. 하지만 우리 영혼 깊은 곳에서는 여전히 조상 대대로 이어져온 고뇌를 느끼고 있습니다. 우리 모두는 지구를 덮칠 피할 수 없는 재앙에 직면했을 때 보호와 위로를 구하는 영화 '멜랑콜리아'의 어린 주인공 레오와 같습니다. 그에게는 두려워하지 말라고, 아무 일도 일어나지 않을 거라고 말해줄 사람이 필요합니다. 그는 이모 저스틴에게서 그런 사람의 면모를 발견하게 됩니다. 그녀는 일상생활에서는 깊은 우울증에 시달리는 고통받는 사람이었지만, 위기의 순간이 닥쳐 건강하고 정상적인 사람들이 정신을 잃고 있을 때에는 가장 명석하게 행동하고 자신의 인간성을 유지할 수 있는 강함을 지닌 사람이었습니다. 그녀가 아이와 함께 있을 피난처로 삼은 작은 텐트는 재앙으로부터 그들을 지켜주지는 못하겠지만, 충돌 직전의 순간까지 이모의 따뜻한 품 안에서 이모가 잔잔히 들려주는 이야기를 들으며 아이는 안전하다고 느낄 것입니다.

예술, 아름다움, 철학, 종교, 과학, 한마디로 문화는 우리의 마법 텐트이며, 우리는 까마득한 옛날부터 그것이 절실히 필요했습니다. 아마도 그것들은 함께 태어났을 것이고, 상징적 사고가 서로 다른 형태로 표현된 것이라고 생각됩니다. 단어의 리듬과 운율이 기원 이야기를 더 쉽게 기억하고 전달할 수 있게 했고, 이를 통해 노래와 시가 탄생했을 것입니다. 벽에 그려진 기호와 상징도 점점 더 정교한 형식적 완성도를 갖추면서 같은 일이 일어났을 것입니다. 축제나 애도의 순간에 행해지는 의식과 의례에서 몸의 율동적인 움직이나 현인이나 무당의 노래에 규칙적인 소리가 동반할 수 있었으리라고 상상하는 것은 어려운 일이 아닙니다. 과학은 이 이야기의 일부입니다. 그것이 '에피스테메'이자 '테크네', 즉 지식이자 도구와 사물과 기계를 생산하는 능력이라는 것은 우연이 아닙니다.

'테크닉'의 어근인 그리스어 '테크네'가 기술과 예술 활동을 모두 가리킨다는 것은 우연이 아닙니다. 양면 부싯돌을 제작했을 때, 날카롭고 다루기 쉬운 도구가 있어야 한다는 기술적 필요가, 대칭적이고 섬세하며 완벽하게 균형 잡힌, 한마디로 예술품처럼 아름다운 것을 만들어야 한다는 미적 요구와 얽혀 있다는 사실은 우연이 아니었던 것입니다.

이러한 요구는 수천 년 동안 지구를 밟아온 모든 인간 집단에게 억누를 수 없는 무언가를 이루고 있는 것 같습니다. 보르네오나 아마존의 숲에서 이따금씩 발견되는 가장 외딴 부족조차도 장대한 기원 이야기를 중심으로 그들만의 의식, 독특한 형태의 예술적 표현, 상징적 세계를 발전시켜왔습니다. 그러한 이야기가 없이는 거대한 문명을 건설할 수 없을 뿐만 아니라 가장 기본적인 사회 구조조차도 살아남을 수 없을 것입니다. 지구상의 모든 인간 집단이 강한 문화적 특성을 지니고 있는 이유는 바로 거기에 있습니다.

상상력의 힘

문화는 자신의 가장 깊은 뿌리에 대한 자각으로서, 가장 극한상황에서도 생존 가능성을 높여주는 일종의 초능력입니다. 당시 얼어붙은 유럽에서 서로 고립되어 살고 있던 2개의 원시 사회집단, 네안데르탈인의 작은 두 씨족을 잠시 상상해봅시다. 그리고 우연히 두 집단 중 하나는 수 세대에 걸쳐 의식과 의례를 통해 개발되고 전승되어왔고 아마도 그 집단이 살던 동굴 벽에도 그려진 고유한 세계관을 가지고 있는 반면, 다른 하나는 그렇지 않아서 정교한 형태의 문화를 발전시키지 못한 채로 진화했다고 가정해봅시다. 이제 홍수나 혹독한 추위, 또는 사나운 짐승의 공격으로 한 명을 제외한 전원이 몰살당하는 끔찍한 비극이 두 그룹에 닥쳤다고 해봅시다. 두 그룹 각각에서 홀로 살아남은 생존자는 수많은 위험을 극복하고 온갖 형태의 결핍에 직면해야 하며, 다른 지역으로 이동하고 아마도 적대적인 인간들의 공격에서 살아남아야 합니다. 두 그룹의 생존자 중 어느 쪽이 더 강한 회복탄력성을 보여줄까요? 누가 더 살아남을 가능성이 높을까요?

위대한 기원 이야기는 넘어졌을 때 스스로 일어날 수 있는 힘을 주고, 가장 절망적인 상황에서도 견뎌낼 수 있는 동기를 부여합니다. 정체성을 부여하고 보호해주는 담요에 꼭 붙어 있음으로써 우리는 버틸 수 있는 힘을 얻게 됩니다. 먼 과거에 뿌리를 둔 긴 사건들의 연쇄에 자신과 자신의 일족을 연결함으로써 우리는 미래를 상상할 수 있습니다. 이러한 자각을 가진 사람들은 현재의 끔찍한 희생을 더 넓은 맥락 속에서 이해할 수 있으며, 고통을 이해함으로써 가장 끔찍한 비극을 더 잘 극복할 수 있는 것입니다.

이것이 바로 우리가 수천 세대가 지난 지금까지도 예술, 철학, 과학을 가치 있게 여기는 이유입니다. 우리는 이러한 자연선택의 상속자이기 때문이죠. 상징적 세계를 개발할 능력이 있는 개인과 집단은 진화적으로 큰 이점을 누렸고, 우리가 바로 그들의 후손입니다.

상징의 힘과 상상력의 강력함은 놀랄 만한 것이 아닙니다. 우리가 사회적 동물이라는 것은 단순히 개인들로 이루어진 조직화된 집단에 살고 있다는 사실보다 더 깊고 본질적인 것입니다.

최근 몇 년 동안 전 세계에서 인간 두뇌의 기능을 연구하기 위한 매우 야심 찬 과학 프로젝트가 시작되었습니다. 막대한 재원이 투입되고 수천 명의 과학자가 참여한 다학제적 프로젝트죠. 많은 경우 두뇌의 기본 메커니즘의 일부를 자세히 이해하기 위해 뉴런과 그 상호작용을 전자적으로 시뮬레이션한 네트워크를 만듭니다. 그러나 이 모든 것이 뇌기능의 역학을 이해하는 데 매우 유용한데도, 왜 신경 과학자들 자신은 인공두뇌를 만들기 위해 이러한 기본 구조를 확장하는 것이 합리적이지 않다고 말할까요?

우리의 두개골 속에는 약 900억 개의 뉴런이 들어 있으며 각 뉴런은 이웃과 최대 1만 개의 시냅스 연결을 구성할 수 있기는 하지만, 문제는 단지 몇 가지 주요 기술적 어려움을 극복하는 데 있지 않습니다. 문제는 더 근본적입니다. 우리 뇌의 구조를 정확히 재현하는 복잡한 전자 장치를 만들 수 있다고 해도, 그것은 인간의 뇌는 아닐 것입니다. 본질적인 요소가 여전히 빠져 있을 것이고, 그것은 전자적 형태로 재현하기에는 훨씬 더 복잡할 것입니다. 그것은 바로, 언어, 신체, 정서적 관계를 매개로 한 다른 인간 두뇌와의 상호작용입니다. 다시 말해, 우리는 사회집단 안에서 나와 관계된 다른 인간과 상호작용하면서 타인의 시선과 타인과의 감정적 교류를 통해 타인의 눈 속에서 인간이 됩니다.

갓난아기의 유연한 뇌는, 엄마의 시선에서 시작해 아기를 돌보는 어른들이 매개하는 세상과의 관계 속에서 형성됩니다. 젖을 먹이는 사람의 눈을 바라보는 아기의 시냅스는 그들의 관계에서 일어나는 반응에 따라 수정됩니다. 우리가 인간의 두뇌라고 부르는 그것은 외부에서 오는 자극에 적응하고 맞출 수 있는 유연한 시스템과, 나머지 사회집단에서 수립된 일련의 관계 사이의 상호작용에서 만들어집니다. 이 관계는 욕망과 바람에 의해 길러지며 심지어 배아가 엄마의 몸에 착상하기 전부터 시작됩니다. 태아는 태어나기 전에 부모의 꿈과 대화하고, 과

거와 이전의 인간들을 마주합니다. 아기는 작은 사회집단이 새로 도착한 인물을 둘러싸고 구축하는 만화경 같은 환상을 통해 미래로 자신을 투사합니다. 조부모나 부모, 그리고 사랑하는 사람들이 다시금 태곳적 이야기와의 유사성을 알아보고 그 이야기와 재연결되어, 오래된 두려움과 새로운 기대를 다시 떠올리게 되는 것이죠. 어떤 전자장치도 이 모든 것을 구현할 수는 없습니다.

그 증거는 갓난아기 때 야생에 버려져 동물과 함께 자란 아기들의 경험에서 찾을 수 있습니다. 이들은 보통의 또래 아이들과 구조적으로 동일한 뇌를 가지고 있지만, 인간관계의 결여로 인해 완전한 인간이 되지는 못했습니다. 이후의 어떤 치료도 형성기의 이러한 구멍을 완전히 메울 수는 없었습니다.

인간 집단 내에서 상상력과 이야기 능력이 길러지면, 이는 강력한 생존 도구가 됩니다. 다른 사람의 이야기를 듣고 상상하는 사람은 다른 사람의 경험을 통해 지식을 쌓습니다. 이야기는 이전 세대들에게서 축적된 가르침을 응축하여, 우리가 이해하고 경험할 수 있게 하며, 수많은 삶을 살 수 있게 합니다. 우리는 상상을 통해 감정과 두려움, 고통과 위험을 경험하고, 집단의 가치, 집단을 보존하고 그 발전을 좌우하는 규칙을 여러 세대에 걸쳐 재확인하고 기억합니다.

문화적으로 가장 진보된 사회집단에서 발전하고 장려되는 상상력은 인류가 개발할 수 있었던 가장 강력한 무기입니다. 과학 또한 상상력에서 탄생했습니다. 과학은 실험적 검증을 기반으로 한 이야기를 만들기로 선택하면서 훨씬 더 대담한 기술과 비전을 개발해야 했습니다. 물질과 우주의 숨겨진 구석구석을 탐험하기 위해 과학은 온갖 한계를 극복해야 했고 기원에 대한 이야기를 특별한 여정으로 만들었습니다.

그 과정에서 과학은 종종 인류의 사고방식의 패러다임을 바꿔야 했습니다. 아낙시만드로스부터 하이젠베르크, 아인슈타인에 이르기까지 역사상 수차례 그러했고 그 일은 지금도 계속되고 있습니다. 과학은 끊임없이 발전하며 우리가 세상을 보고 설명하는 방식을 변화시키고 있습니다. 그럴 때마다 모든 것이 바뀝니다. 새로운 도구와 기술이 생겨날 뿐만 아니라 무엇보다도 패러다임이 변화함에 따라 우리의 모든 관계도 변화하기 때문입니다. 우리가 다른 눈으로 세상을 바라볼 때, 우리의 문화, 예술, 철학도 달라집니다. 이러한 변화를 이해하고 예견한다는 것은 더 나은 인류 공동체를 구축할 수 있는 도구를 갖춘다는 것을 의미합니다.

그렇기 때문에 예술, 과학, 철학은 오늘날에도 여전히 우리의 인간됨에 실체성을 부여하는 근본적인 학문입니다. 아주 먼 과거에 탄생한 이 통합된 세계관은 여전히 미래의 도전에 맞서는 데 가장 적합한 도구인 것입니다.

에필로그

우리의 가장 깊은 뿌리
그리고 미래

THE
STORY
OF
HOW
EVERYTHING
BEGAN

GENESIS

2018년 2월 21일 이탈리아의 모디카. 시칠리아의 발디 노토Val di Noto는 보석처럼 아름답지만, 특히 저녁에 모디카에 도착하면 매료되지 않을 수 없습니다. 마을은 피조 언덕에 의해 위아래 둘로 나뉘어 있고 카스텔로 데이 콘티 성이 우뚝 서 있습니다. 서로 바짝 기대어 있는 집들은 고대의 동굴이 여전히 뚫려 있는 산비탈을 덮고 있습니다. 바로크양식의 많은 교회들이 장중한 계단을 굽어보고 있습니다. 모디카는 뜻밖의 놀라움을 선사합니다.

저는 다음 날 철학자이자 의사이자 과학자인 토마소 캄파일라Tommaso Campailla를 기념하는 학회에서 우주의 기원에 대해 강연하기 위해 이곳에 왔습니다. 1668년에 그가 태어난 이 도시는 그의 가장 중요한 작품인 〈아담, 또는 창조된 세계L'Adamo, ovvero il mondo creato〉에서 제목을 빌려 그의 탄생 350년을 기념하기로 결정했습니다. 데카르트의 뛰어난 추종자였던 그는 당대 주요 인물들과 서신을 주고 받았으며 조지 버클리가 모디카에 있는 그를 방문했을 정도였습니다. 캄파일라는 운문으로 된 이 철학적인 시를 창조에 대한 일종의 개요서로서 썼습니다. 내일은 이를 바탕으로 성경과 창세기, 창조와 과학에 대해 이야기할 예정이며, 저 외에도 베니스의 최고 랍비인 샬롬 바붓Shalom Bahbout과 예수회 신부이자 신학자인 체사레 제롤디Cesare Geroldi 신부가 초대되었습니다.

오늘 밤 우리는 유대계 가족이 운영하는 훌륭한 레스토랑에서 함께 식사를 하고 있으며, 메뉴는 정결한 코셔 음식입니다. 우리 테이블에는 마을에 회당을 다시 열기 위해 기금을 모으고 있는 작은 지역 유대인 공동체의 대표들이 함께 있습니다. 저녁을 먹는 동안 누군가가 이 고대 공동체의 삶에 깊은 자국을 남긴 모디카 역사의 먼 에피소드인 성모승천일 학살에 대해 언급합니다.

때는 1474년. 이 도시에서는 수세기 동안 유대인 공동체가 살아왔는데, 거의 모두 주데카 지역에 거주하고 있었습니다. 성모승천대축일 설교를 위해 유명한 도미니코 수도회 수사 조반니 다 피스토이아Giovanni da Pistoia가 산타 마리아 디 베틀렘 교회에서 미사를 집전하기 위해 라구사에서 도착합니다. 한동안 개종 설교의 관행이 시행되어왔으며, 유대인들은 개종을 유도하기 위한 예배에 강제로 참석해야만 했습니다. 이는 이전에도 자주 있었던 일이고 아무런 문제가 없었지만, 그 일요일에는 뭔가 일이 잘못되고 있었습니다. 군중 속에서 소요가 일어나고 매우 심각한 사건이 벌어지고 사망자가 발생합니다. 곡괭이, 칼, 작업 도구로 무장한 군중들이 참석한 유대인들을 공격하고 교회 경내를 피로 물들였습니다. "비바 마리아! 유대인에게 죽음을!"이라는 외침과 함께 남자, 여자, 아이 할 것 없이 학살을 저지른 뒤, 군중들은 주데카로 가서 집들을 습격합니다. 수백 명이 죽고 모든 집이 약탈당하고 회당에 불이 났습니다. 유대인 사냥은 며칠 동안 계속됩니다. 끔찍한 대학살에서 살아남은 소수의 생존자들은 동굴에 숨거나 다른 도시로 도망칩니다. 그날 이후로 모디카에는 유대인을 위한 예배 장소가 없었고, 인종법과 추방 등 끝없는 시련을 겪어야 했던 그 작은 공동체의 후손들이 이제 회당을 재건하려는 것입니다.

다음 날 학회에서 나는 먼저 연단에 올라 과학이 설명하는 우주의 탄생에 대해 이야기합니다. 그다음 예루살렘에서 여러 해 동안 살면서 창세기의 새 번역본을 편집한 크레마Crema 출신의 예수회 신학자인 체사레 제롤디 신부가 연단에 올랐습니다. 제롤디 신부는 당당한 풍채에 매력적이고 카리스마 넘치는 훌륭한 이야기꾼입니다. 그는 우렁차게 연설을 시작했습니다.

"토넬리 교수가 여러분들에게 우주의 탄생에 대해 이야기했습니다. 그가 말한 것은 138억 년 전, 아주 오래전에 일어난 일에 대한 가장 정확한 설명입니다. 대신 저는 《창세기》에 대해 말씀드리겠습니다. 미래에 관해 말하는 책이죠."

그리고 그는 《창세기》를 이해하려면 《창세기》가 쓰인 시대와 맥락에서 시작해야 한다고 말합니다.

《창세기》는 서로 다른 시기에 서로 다른 손에 의해 쓰인 두 문서가 통합되어 모세 5경의 첫 번째 경전이 된 것이라는 데는 오늘날 거의 의심의 여지가 없어 보입니다. 이 성서학자는 두 문서 사이에 존재하는 많은 모순점들을 언급합니다. 그는 언어와 문체의 차이, 그리고 동일한 사건에 대한 두 가지 다른 서술을 강조합니다. 식물과 동물이 인간 이전에 창조되었다고도 하고 이후에 창조되었다고도 하는 등 사건의 순서가 다를 뿐만 아니라 주인공의 이름조차 달라진다는 점을 지적합니다. 《창세기》의 첫 번째 문서의 엘로힘Elohim이 두 번째 문서에서는 발음할 수 없는 Yhwh로 바뀐다는 점을 언급합니다.

그러나 가장 중요한 점은 그가 가장 성스러운 책이 쓰인 맥락을 이야기할 때 나옵니다. 우리는 기원전 6세기 바빌론에 있다고 상상해야 합니다. 네부카드네자르Nebu-chadnezzar 2세는 예루살렘을 정복하고 성전을 파괴한 후 유대 민족의 종교적, 사회적, 지적 엘리트들을 추방했습니다. 그것은 가장 끔찍한 불행이며 아브라함과 모세의 종교에게는 마지막 시간이 온 것만 같습니다. 굴욕을 당하고 땅을 빼앗긴 이 선민 중 가장 긍지가 높은 사람들은 이제 정복자들의 엄청난 힘에, 단순히 물질적이고 군사적인 것만이 아닌 엄청난 힘에 직면하게 됩니다. 세계의 왕 네부카드네자르는 당시 비견할 데 없는 문명을 대표합니다. 바빌론은 세계에서 가장 큰 도시이자 경이로움으로 빛나는 도시입니다. 바빌론의 학자들은 모든 분야에서 뛰어났으며 수천 년 동안 전수된 지식을 수천 개의 석판과 파피루스에 모았습니다.

아시리아-바빌로니아가 발전시킨 기록 문명에 직면한 유대 지식인들은 유대 민족의 기원에 대한 이야기를 모아 처음으로 문서로 기록하기로 결정합니다. 가장 끔찍한 절망의 순간에 그들은 자신의 정체성과 가장 깊은 뿌리를 담고 있는 텍스트를 꼭 붙듭니다. 그들은 자신에게 닥친 불행의 사슬을 극복할 희망을 이 성스러운 책에 맡깁니다. 세상의 기원을 이야기하며 미래를 모색하고,

345

예루살렘으로 돌아가 성전과 영광스러운 문명을 재건하는 꿈을 꿉니다.

수천 년 동안 여러 세대의 유대인 가족들은 가장 힘든 시련을 겪을 수밖에 없을 때 바로 그처럼 대응하는 태도를 기르게 될 것입니다. 그들은 성서를 굳게 붙들고서 가장 끔찍한 박해를 이겨낼 수 있을 것입니다. 모디카의 성모승천대축일 학살에서 살아남은 소수의 유대인 그룹도 그러했을 것입니다.

이러한 생각들 덕분에 이 책을 쓰고 창세기, 즉 제네시스라는 제목을 붙이자는 아이디어가 생겨났습니다. 현대 과학이 우리에게 전해주는 주는 위대한 기원 이야기를 우리 모두가 자신의 것으로 만들어, 우리의 가장 깊은 뿌리를 이해하고 미래를 마주할 수 있는 실마리를 찾을 수 있도록 말입니다.

우주 탄생, 그 7일간의 이야기

THE
STORY
OF
HOW
EVERYTHING
BEGAN

GENESIS

인간은 다른 동물들과 달리 자신의 기원에 대해 항상 궁금해해왔다. 최소한 인간이 '사유'를 시작하면서부터 이 궁금증은 시작되었을 것이다. 인간이 궁금해하는 기원에는 크게 세 가지가 있다. 주위의 모든 사물을 담고 있는 우주의 기원, 생명의 기원 그리고 인류의 기원이다. 이 책에서는 이 세 가지 중 가장 근본이 되는 우주와 그 속의 모든 물질의 기원에 대해 다루고 있다.

인간은 우주의 기원에 대해 사유하면서 여러 가지 서사들을 남겼다. 이미 수천 년 전의 거의 모든 문명 사회에 각종 우주 탄생 신화들이 있었다. 콩고의 쿠바족부터 적도 아프리카의 피그미족까지 기원 신화를 가지고 있다. 가장 많이 인용되는 것은 유대·기독교 성서의 처음을 장식하고 있는 창세기, 즉 '제네시스'다. 창세기에는 세상의 만물과 모든 생명체 그리고 인간이 만들어지는 과정이 그려져 있는데, 6일에 걸쳐 완성이 되고 7일째는 이를 축하하며 휴식하는 것으로 기술되어 있다. 이러한 관점은 인간 사회에 지대한 영향을 끼쳤다.

서양에서는 1500년 가까이 그들을 지배하던 우주관을 바꾸는 여정을 시작하였다. 바로 과학적 사고를 도입하기 시작한 것이다. 불과 400년 전 시작된 일이다. 이는 인간이 만들어낸 그 어떤 것보다 인간사회를 완전히 바꾸어놓게 된다. 그리고 이 과정에서 우주의 기원과 그 역사에 대해 수많은 과학자들이 거대한 서사시를 써내려가고 있다.

이탈리아의 유명한 입자 물리학자 귀도 토넬리는 바로 이 서사시 중 하나를 우리에게 소개하고 있다. 우주의 초기부터 최근까지의 일들을 다양한 인문학적 비유를 들어가며, 과학적으로 정확함을 전혀 잃지 않고 이야기한다. 귀도 토넬리는 힉스 입자 발견을 한 CERN의 실험 팀인 CMS에서 대변인 역할을 하는 저명한 학자이다. 그 실험실에서는 우수 초기의 상태를 만들어 그 현상들을 측정하기 때문에, 그는 '제네시스의 현장'을 늘 체험하는 사람이다. 그는 우주의 초기부터 최근까지의 진화를 7일로 구분하여 소개한다. 진공으로부터 어떻게 우주 전체가 만들어져 현재와 같은 광활하고 다양한 모습으로 발전했는지 자세하게 보여준다.

이야기가 시작되기 전에 우리는 '진공' 상태를 먼저 만난다. 아무것도 없던 우주에, 그 시작 전에 무엇이 있었느냐에 대해 묻는 질문에 저자는 '진공이 있었다'고 말한다. 진공은 '무'의 상태가 아님을 여러 가지 장면을 통해 이야기하고 첫 번째 날이 시작된다. 빅뱅 직후 원시의 혼돈 상태이면서 매우 작은 양자 상태의 우주가 어떻게 갑자기 커졌는가에 대한 자세한 설명과 급팽창이론이 함께 등장한다. 사실 이 부분은 누구에게나 조금 어렵게 느껴질 것이다. 그러나 우주 초기의 상태를 설명하는 고도의 물리이론을 어찌 한 번 읽고 다 이해할 수 있을까? 이 챕터를 몇 번 곱씹으며 읽다보면 머릿속은 온통 우주 초기의 모습으로 가득차게 될 것이다.

둘째 날은 물질에 질량을 부여하는 '힉스 장'과 그 요동이 입자로 나타나는 '힉스 입자'에 대해 이야기한다. '기본 입자'라는 주연 배우들이 등장하고 그들이 따르는 각종 물리법칙과 그것들이 갖는 아름다움으로 페이지가 메워진다. 대칭성과 그 깨어짐은 현대 물리학의 가장 중요한 패러다임이다. 급팽창 단계 이후 나타난 우주는 완벽함의 영역이고, 이를 지배하는 물리법칙은 놀랍도록 대칭적이지만 이는 자발적으로 깨어지고 만다. 이렇게 완벽한 메커니즘이 왜 깨지는 것일까? 숙련된 솜씨의 거장이 그린 한 폭의 그림은 대칭이 깨졌을 때 새롭고 아름다운 걸작으로 태어난다. 자연 역시 이 같은 유혹에 저항할 수 없는 것은 아닐까.

그런데 귀도 토넬리의 연구 팀이 발견했다는 힉스 입자란 무엇일까? 그것이 왜 그리 중요할까? CERN에서 수조 원을 들여 세계 최대, 최고 에너지의 입자 가속기 LHC를 세웠다. 이는 인류가 만든 역사상 가장 거대한 실험 장치이다. CERN에서는 매년 수천억의 연구비를 써서 실험하였고, 그 첫 번째 결과물이 힉스 입자의 발견이었다. 힉스 입자는 '물질이 어떻게 질량을 가지고 있는가'라는 매우 근본적인 질문에 대해 해답을 주는 과정에서 등장한다. 빛, 즉 광자는 질량을 가지고 있지 않다. 따라서 진공 중에서 빛의 속도로 약 30만 km/s로 날아다닌다. 우주를 구성하는 물질에는 전자 그리고 양성자, 중성자 속의 쿼크 등이 있다. 빅뱅 직후에는 이런 입자들도 다 질량이 없었다. 그러나 현재의 우주에서는 기본입자인 전자, 쿼크들이 질량을 가지고 있다. 만약 이들이 질량이 없었다면 우주는 전혀 다른 모습일 것이다. 예를 들어 전자가 양성자 주위를 돌 수도 없을 것이다. 수소 원자도 형성되지 못할 것이다. 수소 원자가 없다면 별도 없고, 은하계도 없고, 생명체도 없다.

빅뱅 직후 질량이 없던 입자들이 '어떻게 질량을 가지게 되는가'에 대한 이론을 1964년 피터 힉스, 프랑수아 앙글레르, 로버트 브라우트가 제안했다. 만약에 기본 입자들에 힘을 가할 수 있는 '장'이 있다면? 이런 장이 우주 전체 공간에 퍼져 있다면? 이 속에서의 입자들은 질량을 가지게 되어 빛의 속도보다 더 천천히 운동하게 된다는 것이다. 이는 아주 수영을 잘하는 선수가 점성이 큰 액체, 예를 들어 꿀 속에서 수영을 했을 때 그 속도가 매우 느려지는 것과 같은 이치이다. 이런 힘을 주는 장을 힉스 장이라 부르게 된다. 힉스 장과 상호작용하는 정도의 크기에 따라 각각의 기본입자의 질량들이 달라진다.

우리는 장의 개념을 전자기장을 통해 이해할 수 있다. 빈 공간에서도 자기장이 있다고 하면 그 자기장의 영향을 받은 자석이 힘을 받아 움직이게 된다. '우주 전 공간에 힉스 장이 정말로 있는 것일까?' 하는 의문이 당연히 들 것이다. 힉스 장이 실제로 존재하는가를 검증하기 위해서는 힉스 장이 출렁거릴 때 나오는 파동을 검출해내면 된다. 힉스 장의 출렁거림은 2개의 입자들을 매우 높은 에너지로 충돌시킬 때 만들어진다. 그러한 높은 에너지를 구현하는 LHC를 통해 수많은 양성자들을 충돌시켰고 실제로 그런 출렁거림이 입자의 형태로 나타났다.(사실 양자역학의 세계에서는 파동이 입자이고 입자가 파동이다.)

LHC 가동 후 2년 만인 2012년, 수십 조 번의 양성자 충돌에서 힉스 입자가 만들어졌고 이는 두 개의 독립적인 실험검출기인 ATLAS와 CMS에서 각각 발견되었다. 이 근본적인 질문에 대한 이론을 제시했던 앞선 3명의 물리학자 중 피터 힉스와 프랑수아 앙글레르는 2013년 노벨 물리학상을 수상했다. 이 힉스 입자는 '신의 입자'라고도 불린다. 중성미자 연구로 노벨 물리학상을 받은 미국의 실험 물리학자 리언 레더먼이 지은 것으로 알려져 있다. 이 이름은 그 입자의 중요성에 걸맞게 지어진 것 같지만, 사실은 좀 다르다. 수십 년 동안 이 입자를 찾으려 해도 잘 되지 않았다는 뜻에서 '망할 놈의 입자God Damn Particle'라고 부르려 했으나, 출판사에서 비속어를 가려내며 '신의 입자God Particle'로 바꾸었다고 한다.

앞서 등장한 쿼크는 우리 주위의 모든 물질을 구성하고 있는 양성자 속 기본 입자이고, 렙톤(경입자)은 강한 핵력에 영향을 받지 않는 기본 입자이다. 그리고 중성미자는 가장 많은 수로 우리 주위에 있지만 거의 존재감을 드러내지 않는다. 이들 입자를 통해 별의 중심에서 어떤 핵반응이 일어나는지 이해할 수 있다. 이 시점에서 우주의 실제 나이는 약 3분 정도 흐른 것이 된다. 즉 이 책의 셋째 날, 태초의 시간은 겨우 3분이 흘렀다.

우주를 관측하려면 가장 중요한 것이 빛이다. 인간이 고개를 들어 두 눈으로 밤하늘을 쳐다보면서 우주를 자각하기 시작했고, 그 이후 천문학의 발전은 주로 빛을 관측하면서 있어 왔다. 그런데 이제까지 우주의 빛은 그 주변의 전기를 띤 수많은 입자들과 충돌하기 때문에 멀리 퍼져 나가지 못하고 있었다. 즉, 우주는 어둠의 존재로 가득 찬 '빛이 없는 세계'다. 매우 불투명한 물질의 시대였다. 우리는 지금 넷째 날에 와 있다. 우주는 3,000도 이상이었다가 팽창하면서 수십만 년의 시간이 흘렀고, 다시 우주의 온도가 3,000도 이하로 떨어지면서 큰 변화가 일어났다. 빅뱅 직후 38만 년, 전자들은 양성자에 포획되어 있어 전하가 중성인 원자들이 만들어지고 이제 우주는 투명해져 빛이 멀리 퍼져나가기 시작했다. 심지어 이때의 빛이 지금까지도 우주를 떠돌다가 우리에게 관측되면서 우주의 38만 년 전 당시의 모습을 우리에게 보여주기도 한다. 이를 '우주배경복사Cosmic Microwave Background'라고 하는데, 이는 원시 우주에 대한 중요한 소스를 제공하는 잔해이다. 이는 빅뱅의 획기적인 증거이기도 하다.

다섯째 날에는 별의 중심부에서 핵반응이 일어나 별들이 밝혀지게 되고, 특히 태양에서 엄청난 핵반응을 통해 그 주위에 에너지를 공급하기 시작한다. 크고 작은 별들은 각기 다른 일생을 갖게 되는데, 이를 밝히는 데 기여한 핵물리학의 발전에 대해 소개된다. 이제 우주의 나이는 수억 년 정도 되었다. 매우 커졌다가 장렬하게 폭발하는 초신성, 별의 최후에 나오는 중성자별, 블랙홀 등이 등장하는 시점이다.

여섯째 날에는 별들의 모임인 은하들이 등장하고, 특히 모든 은하계의 중심에 있는 블랙홀의 발견에 대해 흥미로운 이야기가 시작된다. 이제 일곱째 날로 넘어가면서 우주 나이는 90억 년 정도가 된다. 여러 별 주위의 행성들이 만들어지는 과정이 그려진다. 특히 최근 들어 발견되고 있는 외계행성에 대해 흥미로운 내용이 쏟아진다.

138억 년이라는 시간을 품고 있는 입자로부터 우주 탄생에 이르기까지. 우리 은하와 블랙홀, 외계행성이 이야기로 펼쳐지는 동안 7일이라는 시간이 흘렀다. '우리는 어디에서 시작되었을까?' 하는 단순했던 질문은 우주 전체가 무엇으로 이루어졌고, 어떻게 생겨났는지에 대한 복잡한 대답으로 이어지게 되었고, 여기에는 수천 세대가 공유해온 오래되고 신성한 목소리가 담겨 있다.

사실 현대를 살고 있는 우리는 과학에 큰 신세를 지고 있다. 물론, 일상의 면면에서 이 모든 것을 체감하기는 어렵고, 그러다 보니 많은 것들이 당연시 되고 있는 것 같다. 지난 50년 동안 세계적으로 놀라운 성장 속도를 보인 대한민국이 있기까지는, 과학 발전에 헌신하여 성과를 이룩한 수많은 과학자들의 피와 땀이 있었다. 그럼에도 최근 들어서는 어려운 과학을 기피하고 전공자들의 전유물로만 여겨지는, 과학의 발전과 우주 연구는 다른 나라 이야기마냥 보이는 인식이 없지 않은 게 사실이다. 그런 시점에 이렇게 흥미로운 과학서적은 일반 대중들로 하여금 과학에 대한 열정을 지피는 데 도움을 줄 수 있을 거라는 기대감을 갖게 한다. 과학 분야 서적에 관심이 있는 독자들을 비롯하여, 좀 더 많은 사람들이 이 책을 읽게 되기를 바란다.

남순건

제네시스

2024년 2월 22일 초판 1쇄 | 2024년 2월 23일 3쇄 발행

지은이 귀도 토넬리 **옮긴이** 김정훈 **감수** 남순건
펴낸이 박시형, 최세현

책임편집 조아라, 최연서 **디자인** 정아연
마케팅 양봉호, 양근모, 권금숙 **온라인홍보팀** 최혜빈, 신하은, 현나래
디지털콘텐츠 김명래, 최은정, 김혜정 **해외기획** 우정민, 배혜림
경영지원 홍성택, 강신우, 이윤재 **제작** 이진영
펴낸곳 (주)쌤앤파커스 **출판신고** 2006년 9월 25일 제406-2006-000210호
주소 서울시 마포구 월드컵북로 396 누리꿈스퀘어 비즈니스타워 18층
전화 02-6712-9800 **팩스** 02-6712-9810 **이메일** info@smpk.kr

ⓒ 귀도 토넬리(저작권자와 맺은 특약에 따라 검인을 생략합니다)
ISBN 979-11-6534-888-5 (03400)

쌤앤파커스(Sam&Parkers)는 독자 여러분의 책에 관한 아이디어와 원고 투고를 설레는 마음으로 기다리고 있습니다. 책으로 엮기를 원하는 아이디어가 있으신 분은 이메일 book@smpk.kr로 간단한 개요와 취지, 연락처 등을 보내주세요. 머뭇거리지 말고 문을 두드리세요. 길이 열립니다.